JN026680

お客さまをグッ〔　　　　〕〔　〕せる

スマホ

How To Attract Customers on Your Phone

集客術

ひとり起業・副業がうまくいく！

鈴木夏香
Natsuka Suzuki

技術評論社

はじめに

「私の考えたビジネスで、ホントに稼げるのだろうか？」
「人脈もないのに、お客さまを集めることなどできるのだろうか？」

　これから個人ビジネスをはじめる方は、期待やワクワク感もある一方、こんな不安を抱えていないでしょうか。

　すでに競合もたくさんいるなか、知らない人に自分のことを知ってもらい、さらに魅力を理解してお金まで払ってもらう、というのはハードルが高く感じるかもしれません。

　個人でビジネスをするうえで大事なのは、

「来店前にあなたのビジネスの"価値"を伝える」

　ということです。価値とはたとえば、サービス内容、お店の雰囲気、接客態度、アフターサービス……そして、何より「あなたのお人柄」です。これらの価値を伝えることで、お客さまが似たサービスを比較検討した結果「選ばれる」ビジネスになります。

　では、この「来店前のファン」を作るために、あなたのビジネスの価値をどのように伝えればいいでしょうか？

　たとえば、来店前の方には、

・街や駅でチラシを配る
・ポスティングする
・看板を設置する

というアプローチもあります。これらはサービスを「知ってもらうこと」には効果的です。しかし、ここからあなたのお人柄まで読み取り、魅力に感じてファンになってもらうのは難しいでしょう。ファンになる前にサービスを提案すると「売り込みだ！」と思われてしまいます。

　そこで、あなたとお客さまの間で「交流」を作りましょう。具体的には、SNSやブログなどのコミュニケーションツールを使って、来店前のお客さまとお互いの投稿に「いいね！」やコメント、シェアをします。あなたが興味を持ったこと、コメントの文面などからお人柄を間接的に伝えるのです。そのうえでお申し込みしてくださる方は「あなた」という競合にない魅力を理解しているため、リピーターにつながる確率がグッとあがります。

　さらにお客さまに「いいね！」やコメント、シェアしてもらえば拡散され、チラシや看板よりもたくさんの方の目に触れることができます。

　この「交流」のしくみ作りを、次の流れで学んでいきましょう。

・あなたの強みや人柄がわかるビジネス・商品を設計（1章）
・Facebookとブログで、お客さまと交流しながら集客（2、3章）
・LINE公式アカウントや対面で、売りこみ感なくセールスして次回につなぐ（4、5章）

　これらに特別なスキルやカリスマ性は必要ありません。「スマホ1台」さえあればサクッとスキマ時間にできます。集客のためにがんばって時間を作ったり、ムリに飾って背伸びしたりせず、自然体のままでかまわないのです。

　実際に私は、本書で紹介するノウハウを対面で250名以上の方に指導をしてきました。そのうち80％以上が子育てや本業があり、集客に時間を割くことが難しい方です。

　しかし、そのような方々も本書で紹介するノウハウを実践することで、

売上が1〜3ヶ月以内に5万、多い方で100万以上アップしました。また、ご新規のお客さまからのリピート率が20％以下だった方も、70〜80％とぐんぐん上がっています。

さらに、この本のノウハウをすぐ実践できるワークシートを以下のサイトからダウンロードできます（9ページもあわせて参照してください）。

https://gihyo.jp/book/2020/978-4-297-11508-1/support

ぜひ印刷して書き込みながら読んでみてください。私と一緒に、ムリせずしっかり成果を出すノウハウを身につけていきましょう！

Contents

第3章 ビジネスの信頼性を格段に アップさせる「ブログ集客」

第4章 確実に購入につながる関係を築く 「LINE 公式アカウント集客」

第5章　さらっとセールスして 一生涯のお客さまにする

読んですぐ実践！
特典ワークシートのダウンロード

　本書を読みながら書きこめるワークシートの PDF ファイルを、下記よりダウンロードしてお使いいただけます。

https://gihyo.jp/book/2020/978-4-297-11508-1/support

　使用するワークシートと本書の対応は、本書文中の で示しています。

【ご注意】
・本書で提供するファイルは本書の購入者に限り、個人、法人を問わず無料で使用できますが、再転載や二次使用は禁止いたします。
・ファイルのご使用は、必ずお客様ご自身の責任と判断によって行ってください。ファイルを使用した結果生じたいかなる直接的・間接的損害も、技術評論社、著者、ファイルの製作に関わったすべての個人と企業は、いっさいその責任を負いかねます。

第**1**章

あなたの「好きなこと」「得意なこと」をビジネスにしよう

人生経験から
ビジネスの可能性を広げる

■ あなたの人生経験はだれにも 負けないビジネスになる!

　なぜ、あなたは「個人でビジネスをはじめたい」と思っているのでしょうか?

　すでにはじめている方は、なぜ起業や副業をしているのでしょうか?

「いまのままだとイヤだな……」
「もっとわたしにできることがあるんじゃないの?」
「好きじゃない仕事よりも、好きを仕事にしたほうが幸せ」

　などのように、現状に不満を感じたり、自分の可能性を信じたりして、起業や副業をしたい!(した)と思っていらっしゃることでしょう。これらは、あなたが「いまよりも、もっと成長したい」という気持ちが基になっています。つまり、会社員や主婦を続けながらも「稼ぐことを通して、自己実現をしたい」という願いをお持ちなのだと。

　では、どうやって、なにを使って自己実現をしましょうか? 「せっかく取得したんだから、資格を活かしたい!」とお考えの方。じつはあなたが取得した資格よりも、あなたの「人生経験」のほうが、ビジネスになるのです。ここでいう人生経験とは、「あなたが生まれてきてから、なにを経験し、なにを得て、どんなヒトに貢献してきたか」ということです。

　なぜ、あなたがたどってきた人生経験のほうがビジネスにしやすいのでしょうか?

たとえば、以下２つの経歴をお持ちの方がいらっしゃいました。

・アロマの資格を取得して、実際にアロマを日常に取り入れている経験が1年
・手作りが大好きで、折り紙教室で作品を作ったり、和紙でアクセサリーを作ったりしてきたのが5年。展示会などに出店経験あり

　あなたは、どちらの経歴がビジネスとして成立しやすいと思いますか？
　じつは後者のほうがビジネスにしやすいのです。
「アロマは起業しやすい」と思う方はたくさんいらっしゃるでしょう。しかし、それは同じように考えてアロマで起業をする方が多いということでもあります。特に競合が多い激戦区でビジネスをするなら、価格で勝負することになり個人起業家として稼ぐのは難しくなってしまいます。それほど競合がいないビジネスをするほうが賢い選択と言えるでしょう（独自性があれば、必ずしもアロマサロンがダメというわけではありません）。

　さきほど例に出した方も、アロマでなんとか軌道にのせようとしていましたが、このような理由で、なかなか集客ができませんでした。しかし、その方は和紙ビーズアクセサリーを自作し友だちにあげていたとのこと。「こんなアクセサリー見たことない！」「ほしい、ほしい！」と言われて、材料費だけいただいてプレゼントしていたそうです。
　その和紙ビーズアクセサリーを販売しはじめたところ、大好評！　その後、和紙ビーズアクセサリーのワークショップを開いたうえ、認定講座まで作ることができ、講師として大活躍しています。

　このように、「長く続けてきていること」「喜んでくれる相手がいること」これがビジネスとして商品になり、キャッシュを得やすくなります。また、これらは短期間でとった資格ではなく人生経験から見つかることが多いため、人生経験のほうが強いビジネスになりやすい、と言えます。

あなたの人生で「長く続けていること」 「喜ばれたこと」はありますか?

それでは、「長く続けてきていること」「喜んでくれる相手がいること」を見つけるために、ご自身の人生経験を棚おろしして、ビジネスの候補を見つけましょう。見つけるポイントは、

「過去10年の内で、半年以上続けてきた仕事や趣味」

です。私が6年以上起業コンサルをしてきて、成果が出ているクライアントさんの多くが、このポイントにあてはまるビジネスをしています。「あなたの現在から過去10年間」にしぼって、以下の①～④をふり返ってみてください（本書のサポートページからダウンロードできるワークシートもぜひご活用ください）。また、その際、「仕事」と「プライベート」はわけて考えるようにしましょう。

①あなたが半年以上長く続けていることは?
②①の具体的な成果や実績は?
③①でだれにどんな影響を与えることができたか?
④どんなビジネスができそうか?

②は①の成果や実績を書いてください。数値などを使って具体的に表せるといいでしょう。③は①で「だれがどのように喜んだり、悩みを克服できたりしたのか」、④は①～③をふまえて、「どんなビジネスができるか」を挙げてみてください。2つ具体例をあげます。

▼事務スキルを活かして起業したいAさんのふり返り

① あなたが半年以上長く続けていることは？

・営業のアシスタントとして勤務。その後営業へ転身
・エクセル、ワード、パワーポイントを日々使っていた
　（エクセルに関してはマクロまで組み立てができる）

② ①の具体的な成果や実績は？

・5年以上勤務し、営業事務の主任として1年以上従事
・パワーポイントは上司のプレゼン資料を月に1回は作成してきた
・新人を合計で10名以上指導してきて、だれも辞めてない
・HP担当になり専門学校へ半年行き、HPスキルと作成を学んだ

③ ①でだれにどんな影響を与えることができたか？

・上司「スピーディーに細々としたところもやってくれるので助かっている」
・部下「丁寧に教えてくれるので助かる」

④ どんなビジネスができそうか？

・事務スキルを活かして、ITが苦手な女性起業家のサポートができるのでは？
・HPも作成できるので、お客さまのビジネスを形にするサービスができるかも

▼専業主婦をしながら、家でパン作りの教室を開きたいBさんのふり返り

① あなたが半年以上長く続けていることは？

・結婚後、趣味で料理教室やパン教室に通う
・パン屋にアルバイトで勤務

② **①の具体的な成果や実績は?**

- パンが子どものころから好きでほぼ毎日作っている
- 料理教室には1年くらい通い、友だちの誘いで行ったパン教室は週1で5年通った
- 教室の先生にかなりほめられて、パン教室でアシスタントまで任せてくれるように
- 独自の製法と配合でオリジナルパンを作れるようになった
- パン屋にアルバイトとして1年以上勤め(週3)、お客さまがどんなパンが
  ほしいかわかるようになった

③ **①でだれにどんな影響を与えることができたか?**

- ママ友から「市販のパンより格段においしい!」と言われる
- ママ友はパンを購入してくれる
- 「作り方を教えてほしい」とよく言われるが、まだ実践していない

④ **どんなビジネスができそうか?**

- パン作りのスキルを活かした教室を開きたい
- パン自体を販売できるようになりたい

　このように、「半年以上で長く続けてきたことはなにか?」「その経験で相手はなにを喜んでくれたのか?」を特にふり返りをしてみてください。

「長く続けていることはあるけど、それでだれかを喜ばせたことはないなあ……」

　という方もいるでしょう。でも、それはもしかしたらその仕事や趣味をだれかに伝えていないだけかもしれません。身近なヒトにあなたが続けてきたことを伝えてみましょう。「え!　すごいね」「それってなに?」と相手が強く興味を持てば、ビジネスになる可能性があります。

ちなみに、今回は「あなたの現在から過去10年間」に限ってふり返りましたが、「子どものころ」からふり返ると、のちのちいいことがあります。というのも、これからあなたがネット集客をする際、このふり返りをFacebook投稿やブログ記事の「ネタ」にできるからです。ネタがない、思い浮かばないときには「子どものころはこんな私だったけど、いまはこんなことしています」という内容を投稿すれば、相手の共感を呼びよく読まれます。時間があれば、ぜひ「子どものころ」からふり返ってみましょう。

たくさんやりたいことがあるなら 「苦労して乗り越えたこと」をビジネスに

「半年以上続けてきたことがたくさんある。どれをビジネスにすればいいの？」

　そんな悩みをお持ちなら、あなたがいままで「悩んだり苦労したりして乗り越えたこと」に着目しましょう。もう一度過去10年間をふり返り、長く悩み、乗り越えたことを思い出してみてください。
　たとえば、あなたがずっと不眠で悩んでいて、不眠を治すためにいろいろな挑戦をしてきたとします。その中でアロマに出会い、勉強し資格を取得して、生活にアロマを取り入れたら不眠が改善しました。するとこの経験で、

　不眠症に悩むOL女性向けに、アロマクラフトやアロマトリートメントを提供。元気な日常を過ごせる！

　といったサービスが考えられますね。つまり、過去のあなたが「これからやりたいビジネスのお客さま像」になるのです。このように、ご自身が乗り越えたことが、ビジネスにつながる方は大勢いらっしゃいます。ほかにも、次のようなケースがありました。

・自分の子育てを見直し、子どもが不登校から脱した
　→不登校アドバイザーに！

・何度もダイエットに失敗したが、それを乗り越えて成功した
　→独自のダイエットメソッドを持つ講師に！

以上、あなたの人生経験をビジネスにするポイントをまとめましょう。

・あなたが長く（半年以上）続けてきた
・それにより相手が喜んだり、悩みを克服できたりした実績がある
・ビジネス候補がたくさんある場合は、「あなたが乗り越えた悩みや苦
　労」で絞る

　これらを洗い出せば、あなたがどんな方面でビジネスをしたいのか、や
れそうかが見えてきます。

1-2 「おためし期間」で、ビジネスのホネ組みを作る

ちゃんとビジネスとして成立できるか「おためし」する

あなたの人生経験をふり返り、強みがわかった時点で、「ホントにそれはビジネスとして成立するのか？」を調べる必要があります。

そのためには、具体的なサービス内容を決める前に「だれかにあなたのサービスを受けてもらうこと」が大事です。実際にサービスしてみると、サービスを受けた方の反応があなたの予想と違うこともありえます。また、「もっとこうしたほうが喜んでもらえるかもしれない」という気づきを得れば、よりお客さまが「ほしい！」と思ってくれる商品作りにつながるでしょう。

一方、このおためし期間を作らずに、あなたの中だけでビジネスの詳細を決めてしまうと、あとから修正するのはたいへんです。ホームページやブログ・パンフレット・名刺などを作ったあと、「こんなはずじゃなかった」ということが発生しても、すぐに修正をするのは難しいですね。

では、どのようにおためししてもらえばいいでしょうか？　ポイントは以下の3つです。

●受けてもらうヒト

あなたのビジネスターゲットに近いお友だちや知りあいの方に受けていただきましょう。人数は3人が目安です。1人だともしかしたら、たまたまそのヒトだけがあなたのサービスを喜んだ（あるいは、喜ばなかった）かもしれません。逆に人数が多すぎても、あくまで「おためし期間」なのに時間やコストがかかってしまいます。

もしどうしても1人しか見つからない場合は「1ヶ月の間に2回受けてもらう」などサービスを受けてもらう回数を増やすといいでしょう。

●受けてもらう回数
　数回受けないと結果が出にくい、というサービスであれば、期間を設定して複数回受けていただくようにしましょう。

●金額
　基本は無料で受けてもらいます。もしあなたのビジネスが材料費を必要とするのであれば、交渉し、材料費だけいただくようにしてください。

ビジネスをカタチづくる 8つの質問

DOWNLOARD
1-2

　あなたのサービスを受けてもらったあと、次の8つの質問をして答えをメモします。

①サービスを受ける前にどんな期待をしていましたか？
②サービスを受ける前にどんな不安がありましたか？
③サービスを受けてみて、率直な感想はいかがでしたか？
④このサービスを受け続ければ、将来どんなあなたになれると思いますか？
⑤このサービスをだれかにおすすめするなら、どんな悩みをお持ちの方に紹介しますか？
⑥私の人柄について、どんな印象をお持ちですか？
⑦このサービスがより良くなるためにはどんなことが必要だと思いますか？
⑧サービス以外でなにか気づいた点はありましたか？（たとえばサロン系であればサロンの雰囲気を聞いたりする）

①～⑥は、あなたがまだ気づけていないサービスの魅力を知ることができます。実際にビジネスをはじめてお客さまにサービスを説明するときに使うと、セールスに有効です。またネット集客でも投稿ネタになり、より見込み客を集めることができます。

また、あなたが個人事業主として活躍するには、「ヒト」で選ばれなくてはなりません。⑥の質問で、第三者から見た自分の人柄を知りましょう。それをネット上で伝えるように意識すると、実際に会う前からあなたのファンを作ることができます。

そして、なによりも①～⑥を聞くことで、あなたに「自信」がわきます。「私の提供するサービスはこんな結果をもたらしてすごいな！」「もっと伝えたいな！」という気持ちがわくのです。

⑦と⑧の質問はサービスを改善するポイントになります。この時点でどんどんサービスをブラッシュアップして、よりお客さまが満足するサービスにしましょう！

ビジネスに活かせるフィードバックをいただくコツ

よりよいフィードバックをもらい、それを活かすコツは以下の3点です。

●質問前に「率直に意見をください」と伝える

このフィードバックでは、忌憚なく、率直に意見をもらうことが大事です。「言いにくいこともあるかもしれませんが、お聞かせください」と伝えると、相手も快くたくさんのアイデアを教えてくれるでしょう。

●ただの感想にせず、改善策まではっきりさせる

たとえば、「カウンセリングで、サービスの説明が少し難しくてわかりづらかった」などの感想をいただいた場合は、「こんなコトバで伝えるとどうですか？」と具体的な改善策を聞きましょう。

●いますぐ実行できない提案でもメモを残しておく

「サービスはすごく良かったけど、私の○○の悩みに答えてくれるメニューがあるといいな」

などの意見はかなり参考にはなるものの、いますぐに実行することは難しいですね。しかし、将来的にメニューを増やす材料になるかもしれません。メモに残しておくといいでしょう。

そのほか「クレジット決済があるといい」「駐車場があると便利では？」など、システムのアイデアをいただくケースもあります。こちらもすぐに実行できないかもしれませんが、一旦「なぜそのようにするといいの？」と理由を聞いてみましょう。もし実現できれば、お客さまのためになり、売上が上がるアイデアかもしれません。こうした生の声はとても貴重ですので、メモに書きとめることをおすすめします。

1-3 「ゴールの設定」が ビジネスをはじめる第一歩

■ ゴールが決まれば、ビジネスは続けられる

ある程度「このサービスでやっていこう！」と決めたあとに大切になるのは、目標決めです。

「自分の好きなコトでお金を得られたらいいな」と思っていても、そこに具体的な目標がなければ、具体的にどう行動すればいいのかわかりません。

たとえるなら「車のナビ」のようなものです。あなたもナビを使うときには「目的地」を必ず入力しますよね。目的地を入力してはじめて「どの道をたどるのか？」という道筋が見えてきます。中には何とおりもの道を提案するナビもあり、私たちはそこからベストな選択（決断）をします。つまり、目的地である「目標」をちゃんと決めれば、さまざまな打ち手が浮かんでくるのです。

また、あらかじめ目標を設定することで、感情に流されにくくなります。

通常の会社勤務だったら、たとえモチベーションが下がっても、会社で決められた目標がある限りはやらざるをえません。しかし、1人で具体的な目標もなくビジネス活動をすると、あてもなくさまようことになり「これくらいはいいか」「今日はやる気が起きないなあ」と歯止めなくどんどんモチベーションが下がっていくのです。

そこで、あらかじめ目標をたてておけば、

「この目標のために、いまの苦労があるのだ」

という気持ちになりビジネス活動も続けやすくなります。

まずは「売上＆期限」の2つに絞って考えよう

目標を決める大切さはご理解いただけたでしょうか？

ここからはどうやって売上目標を立てればいいか、考えてみましょう。「売上（年商・月商）」と「期限」の2種類の要素が必要になります。

●売上（年商・月商）

まずは「どれくらいの年商・月商を得たいのか？」をはっきり数字にして考えましょう。どちらから考えても問題ありません。片方が決まりさえすれば、「年商＝月商×12ヶ月」を計算してもう片方も求められますね。

ただし、あなたがやりたいビジネスが「サロン系（アロマトリートメントやフェイシャル、エステ、整体系、など）」の場合、季節的な要因で売上が変動することがよくあります。そのため、月商の目標立てるときに、できれば「1月は○円、2月は○円、……」と月ごとくわしく設定したほうが、より正確に目標が立てられるでしょう。

●期限

「月商で100万を得たい！」と目標を立てただけでは「達成するのは、いまから10年後・20年後でもいい」ということになってしまいます。「いつまでに売上目標を達成したいのか」という期限を設定しましょう。

この2つの要素をふまえれば、以下のような目標が考えられます。

「1年後に月商20万が安定的になる！」

このようにはっきり数字で設定することが大切です。数字はウソをつかないので、あなたがビジネスをはじめたあと「どのくらいで目標が達成できるか」を客観的に把握することができます。それにより、「なにをすべきなのか？」「どんな打ち手で対策すべきか？」がわかるようになるのです。

お客さまの数とメニュー価格は どのくらい?

毎月どのくらいのお客さまに来店してもらえばいいのでしょうか?
また、メニュー価格はどのくらいに設定すればいいのでしょうか?

これらのイメージをつけるために、以下の項目もザックリと考えてみましょう（現段階では、予測や希望でかまいません）。

●お客さまの目標数（月あたり）

1ヶ月間でご来店いただくお客さま数の目標を決めましょう。競合との価格を比較する必要もあるので、商品価格から決めてもかまいません。ただし、お教室系ビジネスをされる場合は、現実的にさばける生徒数を優先して決めるようにしましょう。

お客さまの目標数を設定するときのポイントは、「新規のお客さま」もあわせて考えること。「お客さまの目標数のうち、新規のお客さまは何人いるか?」という内訳を記述しましょう。

また、ここでは1人のお客さまが月に2回来てくれる場合は、「2人（延べ客数）」として考えてください。

●「体験会（おためし）の価格」と「本命商品の価格」

最後に、メニュー価格を考えましょう。メニューは新規のお客さま向けの「体験会（あるいは、おためし）」、既存のお客さま向けの「本命商品」があります。この2つはそれぞれ価格帯が違うので、注意しましょう。

コーチやカウンセラー系のビジネスは、本命価格は1回ごとの金額で考えるより「3ヶ月でいくら」「6回セッションでいくら」とまとめて設定することをおすすめします。コーチングやカウンセリングは基本的に、ある程度期間を設けてお客さまに変化をもたらすビジネスだからです。

ゴールを達成するポイントは「メニュー価格」

　ここまでの目標をまとめてみたところ、アロマトリートメントのサロンを開くCさんの場合は以下のようになりました。

▼アロマトリートメントサロンを開きたいCさんの目標

売上目標	1年後に月商20万が安定的になる!
①年商	240万
②月商	20万
③お客さまの数	20名(内、新規のお客様：5名)
④体験会(おためし)の価格	4,000円
⑤本命商品の価格	10,000円

　この目標はホントに達成できるものなのか、計算してみましょう（本来は月あたりの経費も考える必要がありますが、まだビジネスをはじめていない方は検討がつかないと思いますので、一旦おいておきます）。まず、月あたりの1人平均単価を算出します（＝②月商÷③お客さまの数）。

　20万÷20名＝1万円

　つまり、最低限1人平均単価が1万円ではないと、絶対に目標は達成できません。

　また、同時にもう1つ考えなくてはいけないことがあります。延べ客数の中には、新規と既存のお客さまがそれぞれいらっしゃいますね。それぞ

れ④と⑤のように価格帯が変わるため、それも含めて20万を達成するプランを立てなくてはいけません。それぞれの月あたりの売上も算出してみましょう。

・新規のお客さまの月あたりの売上：4,000円×5名＝2万円
・既存のお客さまの月あたりの売上：10,000円×15名＝15万円

よって、月あたりの総売上は、2万円＋15万円＝17万円！

目標金額より、3万円マイナスですね。この目標値だとなかなか売上目標は達成できないことがわかります。目標を達成するためには、以下の4つしか打てる手はありません。

・既存のお客さまの来店頻度を高める
・新規のお客さまの集客数を増やす
・おためしの価格を上げる
・本命商品の平均単価を上げる

この中で一番たいへんなのは、「新規のお客さまの集客数を増やす」です。それよりは「既存のお客さまの来店頻度を高める」「おためしの価格を上げる」が現実的ですが、長い目で見ると「本命商品の平均単価を上げる」がいいでしょう。このケースでは、本命商品の価格を12,000円に再設定します。

・新規のお客さまの月あたりの売上：4,000円×5名＝2万円
・既存のお客さまの月あたりの売上：12,000円×15名＝18万円

よって、月あたりの総売上は、2万円＋18万円＝20万円！

これで、目標達成できますね。⑤本命商品の価格を書きかえましょう。

27

ちなみに、アロマ・エステ・整体系はオプションをつけやすいビジネスです。たとえ本命商品の単価が8,000円くらいだとしても、フェイシャルやリフレクソロジーなどのオプションをつけてプラス2,000円、3,000円にすることができます。

　お教室ビジネスの場合、お客さまが1回入れば1年以上継続しやすいビジネスですが、途中で辞めたり、休会したりすることもあります。目標値がギリギリであれば、月謝を上げるか、クラスによって月謝を変えるなど工夫をする必要があるでしょう。

1-4 お客さまのココロをグッと つかむ 「コンセプト設計」

お客さまにあなたのサービスを伝える下準備をしよう

ここまでで、あなたの強みや売上目標を考えていくうちに、

「こんなサービスや商品をお客さまに提供したい！」

というイメージがついてきたと思います。そこで次に大事になるのは、あなたのビジネスの「コンセプト」をはっきりさせることです。

コンセプトとは、ビジネスの方向性のこと。あなたのビジネスで「どんなヒトのどんな悩みに、どうやって解決し、そのヒトはなにを得られるのか？」ということです。

このコンセプトが決まりしっかりコトバにできれば、あなたのサービス名や肩書がおのずと決まっていきます。そしてコンセプトは、

・ホームページのトップページ
・Facebookのカバー写真
・パンフレットやチラシや名刺
・自己紹介

など、お客さまが目で見る、手に取る、耳で聞く情報のすべてに反映されるのです。

「あなたの好きなこと」と「お客さまが求めること」の交点がビジネスになる

コンセプトは「あなたのビジネスの方向性である」とご説明しました。

また、コンセプトは的確にお客さまにとって「ほしい」「買いたい」と思っていただけるようなものにする必要があります。そこで、心がけていただきたいのは、

「自分がやりたいことをそのままビジネスにすると、必ず失敗する」

　ということです。

「ええ!?　好きな仕事をしてお金をかせぎたいから起業・副業をしたいのに（したのに）……」

　そんな声が聞こえてきますが、ここで言いたいのは、「好きを仕事にするだけでは、お金に変えることが難しい」ということです。あなたが「好き」というだけの一方通行のビジネスでは、お客さまのココロをつかめません。あなたのスキル・資格・経験を「お客さまが求めている願望に変える」必要があるのです。

「あなたができること」と「お客さまが求めていること」

　これらが交わる点を見つけることが、コンセプト決めで一番大切なことなのです。

　次項から「あなたのお客さまがなにを求めているのか？」を探っていきましょう。それを知るためにお客さまの「現在のお悩み」「悩みの解決手法」「解決されたあとの未来」を考えます。この３点をまとめて、

「ビフォー・アフター・フューチャー」

　と私は名づけています。

ビフォー：コンセプト決めは 「リアルなお客さまのお悩み」がベース

まず、あなたのサービスを受けたい！と思う方の「お悩み」を知ることからはじめましょう。

調べ方は以下の4つがあります。

●自分の体験談

いまのあなたがやりたいサービスは、きっとあなた自身が「これはスゴイ！」と思ったからでしょう。つまり、あなたの体験談に「将来のお客さまのお悩み」が含まれています。サービスを体験したころの悩み、体験後に感じたことをコトバにしてみてください。

●同業のホームページやブログに訪問し、お客さまの声を見る

インターネットにはたくさんの情報があふれています。お客さまのことを知るうえで、特に参考になるのは、同業者のホームページやブログに掲載されている「お客さまの声」です。「お客さまの声」を見て、「どんな悩みがあって、そのあとどうなったのか？」をメモしてください。

● Yahoo! 知恵袋や Amazon で検索する

Yahoo!知恵袋やAmazonもリアルな悩みがわかります。それぞれ検索窓で、以下のキーワードを予想して検索してみましょう（Amazonの場合は、カテゴリーで「本」を選択してから検索します）。

・あなたのサービスに近いキーワード
・あなたのサービスを受ける方のお悩みワード

たとえば子育てのお悩みを解決するコーチの方であれば「子育てコーチング」と検索します。また、「子育て　悩み」という検索はもちろんですが、悩みをもう少し掘り下げて「不登校　悩み」「思春期子育て　悩み」

などの関連ワードで検索してみましょう。すると、実際に悩んでいる方の生の声がたくさん出てきます。

　Amazonではあなたのビジネスに関係する書籍につく「○○に悩んでいたから、この本を読んだ」というレビューが参考になるでしょう。

●お客さまに近いリアルな友だち（あるいは、お客さま自身）に聞く
　20ページの「おためし期間を作る」のフィードバックを参考にしてください。8つの質問のうち、以下の2つが特に役立ちます。

④このサービスを受け続ければ、将来どんなあなたになれると思いますか？
⑤このサービスをだれかにおすすめするなら、どんなお悩みをお持ちの方に紹介しますか？

　もしあなたがすでにビジネスをはじめられている場合は、既存のお客さまに「なぜ私のサービスを選んだのか？」をヒアリングしてみましょう。

　これら4つの情報源から得られたお客さまの悩みをメモに書きとります。集めた情報から「お客さまについて（年齢・結婚歴・子どもの有無・職業など）」「現在悩んでいること」「そのほかの悩み」の3つの項目に立ててまとめましょう。

▼アロマトリートメントサロンを開きたいCさんの「お客さまのお悩み」

　　調査メモ

・むくみがなかなか取れない……
・体全体がたるんできた気がする（特に40歳を超えてから）
・寝てもスッキリ起きられない……
・カラダがスッキリしないのはもちろん、最近はイライラがある
・更年期障害まではいかないけれども、それに近い症状を感じることがある

まとめ

【お客さま】
40代以上の小・中学生の二人お子さまを持つお母さん

【現在悩んでいること】
30代前半と比べると寝起きが悪くなり、朝もむくみが取れていないことがある。
体重は変わらないが、体型が変わってきた。ジーンズをはくとき、ウエストサイズは
合っているはずなのに、太もものたるみで引っかかる

【そのほかの悩み】
子どもが難しい年頃&受験に入り、ママ友に相談できずモヤモヤと悩んでいる

アフター：「お客さまの悩み」をどう解決するのか、考えぬこう

DOWNLOARD
1-4

　お客さまのイメージがはっきりしてきたら、あなた自身のことについて、あらためて洗い出します。さきほどの「お客さまの悩み」に関係がある資格やスキル、経験をメモしましょう。

　そのあと、あなたの持っている「資格」「スキル」「経験」で、お客さまのお悩みをどのように解決するのか、を具体的に記述しましょう。

▼アロマトリートメントサロンを開きたいCさんの「解決方法」

悩みに関連した、あなたの資格・スキルや経験

【保有資格】
アロマ検定1級、アロマセラピスト検定合格

【経験】
1年間、痩身系のアロマトリートメントのお店で働く。現在45歳で子どもが
2人いて18歳と20歳。それぞれ自立している。アロマを生活に取り入れたところ、
思春期でイライラしていた子どもがかなり落ち着いた

【カラダの悩みの解決方法】
アロマの知識でむくみに効くブレンドを提案。施術前にアロマをかいでいただき、
気に入ったブレンドのアロマでむくみを解消させる。1回の施術でウエストや太もも
周りが1cm細くなる痩身効果のトリートメント技術で、むくみを取り体全体を
リフトアップさせる

【気持ちの悩み】
アロマの知識と経験を活かし、アロマがストレス解消に効果があり、子育て
にも役立つことを伝える。自分の子育て経験で、お客さまの子育てのお悩み
に共感し、必要があればアドバイスできる

　このようにしっかりコトバにして、お客さまのお悩みをあなたの「スキル」「経験」「資格」でどう解決できるか、照らしあわせてください。

フューチャー：「お悩みを解決したあと」まで考えることが大切

　次は「その悩みが解決したらどうなりたいか？」を書き出します。

　いままでのお客さまのお悩み（ビフォー）をあなたのスキルと経験と資格で解決（アフター）するのは、お客さまにとってはあたりまえ。そこで、お客さまがあなたのビジネスを魅力的に感じるためには「お悩みを解決したあとの未来（フューチャー）」まで見とおして、コンセプトを作ることがとても重要なのです。このフューチャーは、マーケティング用語でいうと「ベネフィット」とも言います。

　「ビフォー・アフター・フューチャー」が一番わかる事例が、ライザップです。ダイエットを扱う会社の広告では「ビフォー・アフター」をのせることが多いですね。ふつうの会社は、ビフォーもアフターも同じ服を着せ

て、シンプルに「ウエストが◯センチ減った！」「◯キロ痩せた！」と表現しています。

　一方、ライザップはどうでしょうか？　アフターの姿は、ビフォーで着ている服とまったく違いますし、立ち姿や表情もまるっきり違います。これはなぜでしょうか？

　このアフターは「なりたい未来の自分」を表現しているのです。これを見たお客さまは「こうなったらもっと異性からモテるかも？」「もっと自分に自信がついて仕事もうまくいきそうだ！」というイメージが持てるようになります。

　この未来のイメージをお客さまに持たせることができるようになると、売りこみ感なくセールスができるようになります。セールスは5章でくわしくお伝えしますが、「フューチャーをいかに伝えるか」をご理解していただくことが、とても重要です。

フューチャー：選ばれるサービスになるために「お客さまの未来像」を入れる

　フューチャーは直接お客さまに聞かないと、はっきりとはわかりません。
　ただ、ビジネスをはじめる前でも、想像することはできます。あなたのビジネスに近い方のホームページやブログの「お客さまの声」をもう一度見てみましょう。「フューチャー」に関わるコトバを探せば、お悩みを解決したあとのお客さまの未来像をイメージすることができますね。

　ビジネスをはじめてお客さまが来店されるようになったら、ぜひ直接お客さまにヒアリングすることをおすすめします。たとえば、以下のようにお客さまに聞いてみるといいでしょう。

「もし、お悩みが解決したら、日々の生活にどう影響しそうですか？」
「解決後、なにかチャレンジしたいことなどはありますか？」

そうすると……

「1日元気に過ごせそう！」
「イライラが減って、家族にもやさしく接することができそう」
「いつもあきらめていたハイヒールがはけそうな気がする！」
「10年前に辞めてしまったダンスをやりたい！」

などのような未来が出てくるはずです。
　このお客さまの未来像をコンセプトに使うことで、ありきたりなサービス名も魅力的なモノに大変身します。

「むくみ解消アロマトリートメント」
　→「むくみをスッキリさせてやる気も倍増！　極上の癒しアロマトリートメント」

「肩こり解消アロマトリートメント」
　→「35歳からの女性向け！　心も体もスッキリ輝くリラックスアロマトリートメント」

　このように同業者と「はっきり差別化できる」コンセプトにすれば、選ばれるサロンになりやすいです。今回は説明のためにアロマサロンを事例にしていますが、整体やエステ系のビジネスにとどまらず、すべてのビジネスにおいて「サービスを受けたあとの未来」を表現することは重要です。

あなたのサービスを 1分以内に説明できるようにしよう

DOWNLOARD
1-4

　ここまでの考えをまとめて「言語化」しましょう。言語化したコンセプトは「肩書」「サービス名」「サービスの説明」となり、以下のように、あ

なたのサービスを紹介するツールに使います。

・ホームページやブログ
・名刺やチラシやパンフレット

　言語化のポイントはいかに「シンプルでわかりやすく」するか、です。
　肩書は 17 文字以内、サービス名は 30 文字以内、サービスの説明はおおよそ口頭で相手に 1 分以内で伝わるくらいをおすすめしています。
　ヒトが集中してちゃんと話を覚えていられるのは 1 分以内、と言われていますので、その間にあなたのビジネスをプレゼンできるようにしましょう。
　サービスの説明は以下の順番で伝えるとわかりやすくなります。

①どんな悩みの方に
②あなたのどんなサービスで
③どんな未来を得られるのか？
④最後に肩書

▼アロマトリートメントサロンを開きたいCさんの「コンセプト」

あなたのビジネスのコンセプト	
肩書	代謝アップ専門セラピスト
サービス名	35歳からのたるみ解消！代謝スッキリアロマトリートメント
口頭の説明	むくみやたるみで悩む35歳以上の働く女性に、代謝アップに良いアロマや独自の〇〇式トリートメントを使って、お悩みをスッキリ解消します。翌朝の目覚めがよくなり、明日への活力をみなぎらせる！代謝アップセラピストです。

よりお客さまに響くコンセプトに ブラッシュアップする

さきほど言語化したコンセプトがさらに魅力的になるように、以下のキーワードを盛りこめるか、検討してみてください。

●クイックアンドイージー

「クイックアンドイージー（早くてかんたん）」はすごく重要です。もちろん、心や体は1回で変わるわけではありませんが、お客さまはそこにファンタジーを求めます。「1回で」「短期間で」「たった5分で」などの表現は響きやすいです。

●ニュース性

あたらしさやニュース感を入れるのも効果的です。「新〇〇メソッド」「あの〇〇が使っていた」「あのモデルご用達」などです。いま旬な話題が自分のビジネスとマッチすれば、有効なワードになるでしょう。

●効果の持続性

「これを1回飲めば1週間持つ」「90日以上キープできる」「モテ体質へ永久変換」など、あなたの提供商品が長続きしそうな表現は目を引きます。

●確実性

「〇〇するだけで確実に3キロ痩せる」など、あなたのサービスが確実に成果を出せるものであれば、このような表現は有効です。

●圧倒的な実績

実績をアピールする場合、「1000人以上が効果を体感」「何千人の女性のお肌をきれいにしてきた私がお伝えする〇〇メソッド」「営業で20億以上販売してきた」など数字を意識的に入れることをおすすめします。

●ギャップ

　外見と中身のギャップがあるヒトが魅力的なように、あなたの商品にギャップがあれば、その要素を入れるとココロ惹かれるでしょう。「たっぷり食べてもやせるウワサのダイエット」「自分の気持ちを素直に表現してもモテる秘訣」「痛くないのに、眠りながらたった1回の施術で小顔になれるフェイシャル」などが考えられます。

●二度おいしい

　二度おいしい要素は、特に女性がターゲットのビジネスに有効です。「お金も恋も手に入る」「投資を学べて、教えることもできるようになる」「性格が変わるうえに、ヒトに好かれるようになる」などです。

　私のサロンも「癒やしてなお結果が出る」というコンセプトにしていたのですが、とてもお客さまに響いていました。

1-5 同業者と比較し、独自の商品を生み出す

己を知ったあとはライバルを知る

　ビジネスのコンセプトが決まったので、ここからは具体的な商品の内容を考えていきましょう。このときに大事になるのは「同業者を調べること」です。ここでいう同業者とは、

　「あなたより先にビジネスをしていて、ある程度売上が出ていそうな方」

　のこと。すでにうまくビジネスしている方を調べれば、商品はもちろん、ホームページの作り方や見せ方などをマネることができ、ビジネスを軌道に乗せやすくなります。

　「マネすることはいけないのでは？」と思う方もいらっしゃるでしょう。もちろん、商品名やキャッチコピーを「そのまま一語一句マネる」というのはダメです。ですが、「商品の構成」や「ターゲット」はマネることができます。

　また、同業者の商品を調べれば「私だったら、もっとお客さまに喜んでいただくために、○○をするなあ」などのアイデアもたくさん浮かんできます。

　このように、「同業者を調べること」は多くのメリットがあります。まだ、あなたのビジネスジャンルがあいまいだったとしても、ちょっとでもジャンルが近い方を探して調べてみることをおすすめします。

参考になるライバルを見つけるポイント

　ちゃんとあなたの「参考になる」ライバルを見つけるためには、以下の3つをネットで検索しましょう。

・あなたが提供するサービス名
・あなたが提供したいサービスを受ける方のお悩みワード
・地域に関連するビジネスなら地域名

　たとえば、アロマトリートメントサロンで起業するCさんであれば、

「アロマトリートメントサロン　むくみ　○○区」

と検索します。すると、その地域で同業のサロンが出てきます。個人サロンに限定したい場合は「プライベートサロン」「おうちサロン」「個人サロン」といったワードも追加して検索してください。

　検索した同業者のホームページやブログの中から「一番人気があるな」「自分よりも売れていそう」というサロンを、まずは1つ探します。以下を観点に探してみましょう。

● Google検索で1〜2ページ目に掲載
　Googleで1ページ目に出ている同業者は、ホームページやブログが検索の上位に掲載されるようにある程度対策しています（これを「SEO」と呼びます。具体的な方法は3章でご説明いたします）。つまり、ビジネスとしてちゃんと経営している可能性が高いでしょう。

●ホームページやブログが更新されている
　ホームページは新着情報などで「1ヶ月以内に新着がアップされているか」を見てみましょう。また、ブログは「ここ最近（最低でも1ヶ月以内）、ブログがアップされているか」をご確認ください。

●予約状況を見ると、ある程度埋まっている

　ご予約状況がわかるホームページやブログであれば、予約状況を見てください。「予約がある程度埋まっているか」を確認しましょう。

●お客さまの声がしっかり掲載されている

　ホームページやブログに、最低でも5名以上の「お客さまの声」が掲載されているでしょうか？　また、お客さまの顔写真も掲載されていて信ぴょう性があるでしょうか？　この2点をしっかり確認しましょう。

●ホームページが手作り感覚ではなく、しっかり作りこまれている

　ブログがなくてホームページだけの場合は「ホームページが手作り感覚ではなく、しっかりとお金をかけたホームページか？」をご確認ください。ポイントはパソコンだけでなくスマホで見ても「デザインや操作性が保たれているか」という点です。その点がちゃんとカバーされていれば、しっかり作りこまれたホームページと言えます。

同業者のサービスを分解して、商品のアイデアを考える

DOWNLOARD
1-5

　ここからは方向性を固めながら、具体的な商品設計をしていきます。まず、見つけた同業者のサービスを分解してみてください。

・同業者のコンセプト
　　→アメブロのヘッダー画像（トップページの上部の画像）やコンセプト、こだわりなどのページを探してみてください。するとおおよそのコンセプトがわかります
・ターゲット（どんな悩みのヒトを対象にしているか）
・ベネフィット
・初回体験／一番高い商品のくわしい情報（内容や価格、オプションなど）

・お客さまの声とその内容

・商品の効果の保証

・同業者のサービスにあって、あなたにないもの

・同業者のサービスになくて、あなたにあるもの（つけ足したいもの）

これらを書き出しましょう。たとえば、以下のように分解できます。

▼恋愛コーチを目指すDさんの同業者分析

① 同業者のコンセプト

・35歳からでもたった3ヶ月で理想の彼が見つかる！　恋愛スピコーチング

② ターゲット（どんな悩みの人を対象にしているか）

・30代以上のOL

③ ベネフィット

・自分ががんばらなくても、理想の相手が最短2ヶ月で見つかる！

④ 初回体験／一番高い商品のくわしい情報（内容や価格、特典など）

【初回体験】
・メルマガ読者に対して体験セッション60分　無料

【一番高い商品】
・3ヶ月恋愛コーチング　価格の掲載はなし
・1ヶ月に1回90分のコーチング（対面のみ）
・スピリチュアル、ヒーリング、コーチング
・カードセッションを織り交ぜて、お客さまに合わせたセッションをしている
・オプションに「1日1分でできる恋愛体質になれる音声（3ヶ月毎日）」

⑤ お客さまの声とその内容

- お客さまの声は5人掲載。40代以上が4名。短期間で成果が出ている
- 仕事ばかりで彼が5年以上いなかった。コーチングを受けて自分が好きになり、職場で男性から声をかけられるようになった。そのうちの1人と付き合うことに
- 40歳になり結婚はムリと悩んでいたが、コーチングを受けてから、まず仕事がうまくいきはじめ、取引先の方とスピード結婚（3ヶ月）できた

⑥ 商品の効果の保証

- 一番高い商品の詳細がわからないので、保証があるかは不明

⑦ 同業者のサービスにあって、あなたにないもの

- コーチングだけではなく、スピリチュアル要素を入れている
- 特典の1日1分の音声ファイル

⑧ 同業者のサービスになくて、あなたにあるもの（付け足したいもの）

- 自分のプロフィール（経験）をもとにしたメソッドであること。同業者のプロフィールにはあまり自分のストーリーが書かれていなかった
- 対面しかないが、自分はZOOMでもセッションができる
- 3ヶ月で実感が出ないお客さまには、1ヶ月延長フォローがある

　以上のように分解してみると、参考になる点がたくさん見つかりますね。

　上記のケースで言えば、「特典」です。同業者には「1日1分でできる恋愛体質になれる音声（3ヶ月毎日）」がありました。「お客さまの声」でお客さまがこの特典にメリットを感じ、決め手の1つになっているのであれば、あなたのサービスにも取りいれたほうがいいでしょう。

　ただし、取りいれるときは、まったく同じものではなく、あなたのスキルにあわせた特典にしましょう。たとえば、「1日たった5分のワークで自分が好きになる動画」などがアイデアの1つになります。

1-6 売りこまずご購入いただく「商品設計」

フロントエンド・バックエンドの「役割」をはっきりさせよう

25ページで「体験会（おためし）」と「本命商品」の価格はわけて考えましたね。あらためてそれぞれどんな役割があるのか、確認してみましょう。

「体験会（おためし）」は言いかえると「フロントエンド商品（集客商品）」のこと。新規のお客さまの入り口となる体験セッション、体験価格の商品です。また、お茶会やワークショップなど1,000円、2,000円くらいで受けられるものもフロントエンド商品と言えます。

それに対して「本命商品」は、「バックエンド商品」のことです。フロントエンド商品で来店いただいた方に「じつはあなたの悩みを解決するのがこれですよ」と紹介する商品を指します。

身近なものでたとえると、チェーン店の居酒屋がイメージしやすいでしょう。居酒屋ではお昼ごろ、平均単価650円くらいのとても安いランチを提供していますよね。それに釣られて来店し席に座ると、夜のコースメニューが置いてあります。これで、お客さまに「あ、このお店、夜もやっているんだ」と認識してもらっているのです。

この場合、ランチがフロントエンド商品、夜のコースメニューがバックエンド商品になります。バックエンド商品である利幅の大きい夜のコースメニューに来ていただきたいがために、フロントエンド商品である安くておいしいランチで食事を体験いただいているのです。

この手法をおすすめする理由は、単価が高いバックエンドを売りこみ感なく、お客さまへ買っていただくためです。はじめに価格帯が安い集客商

品であるフロントエンド商品で体験をしてもらうことで、本命商品をご提案しやすくなります。

フロントエンドは「取りくみやすさ」
バックエンドは「満足度の高さ」を重視

　フロントエンド・バックエンドは「価格」と「メニュー内容」の2点から設計できます。

●価格

　たとえば、英会話スクールや学習塾、ライザップなどは、まず無料体験（フロントエンド）してもらってから、有料レッスンの受講（バックエンド）を購入してもらう流れですね。

　また、通販コスメとかサプリとか健康食品はサンプル、テレビショッピングは「2つ買うと送料無料」など、おためしから定期購入してもらうようになっています。

　まとめると、以下のような例が挙げられます。

▼価格によるフロントエンドとバックエンドの事例

	フロントエンド	バックエンド
サロン系	おためし価格	次回予約につなげる、チケット
教室系	無料体験	継続
コーチ系	初回割引体験、無料体験	3ヶ月長期契約
物販系	初回価格	定期購入

●メニュー内容

「メニュー内容」を変えて、フロントエンドとバックエンドを作ることもできます。たとえば、ダイエット系のパーソナルトレーナーの方は、このようなフロントエンドとバックエンドを設定していました。

> ・フロントエンド商品 → くびれ美人メソッド
> ・バックエンド商品 → 体幹を整えて、10年先も健康で病気にならないカラダへ！

　私のクライアントさんには「過去に重い病気を抱えていたけれど健康になった方」「プロスポーツ選手を目指していたけれど、ケガであきらめてトレーナーになった方」など、ツライ経験を乗り越えた方がいらっしゃいます。その方々がお客さまにココロから伝えたいことは「健康が一番」「動けるカラダこそ宝」ということ。しかし、なかなかそれをお客さまに伝えてご理解いただくのはたいへんです。

　なぜなら、ひと口に「健康」と言っても、ビックワードすぎてしまい、自分ゴトに落としこみにくいから。また、ヒトは「予防」にお金をなかなか落としません。「いま」この瞬間に、自分のカラダが痛かったり、不健康だったりするわけではないからです。

　さらに、健康分野は「お医者さま」という唯一無二の存在がいます。医療に携わるプロと比較してしまうと、医療の資格がないトレーナーやダイエットカウンセラーが「健康」と言ってもなかなか信頼してくれないでしょう。

　そこで、フロントエンドでは、お医者さまの分野でも勝てる商品、目を向けてくれる商品にしなければいけません。たとえば「くびれ美人メソッド」など、お客さまが「わかりやすい！」「手に入れたい！」と思う商品名にするのがおすすめです。

　そして、お客さまが実際にご来店くださったときに、お客さまのカラダのことをヒアリングしながら、

「まずは健康なカラダを作ることで、くびれ美人が作れるようになる」
「そのほうがむしろ10年先もステキなカラダでいられる」

という、あなたがホントに大事にしていてお客さまのためになることを伝えればいいのです。

まとめると、フロントエンドとバックエンドは以下の違いが出るように設計しましょう。

・フロントエンド：安めの価格、体験しやすい商品
・バックエンド：経営が安定する価格、お客さまの成果につながる満足
　　　　　　　　度の高い商品

フロントエンド・バックエンドの4つの落とし穴

フロントエンド・バックエンドの商品設計・提供のときには、以下の点にも注意してください。

●バックエンドから考えるようにする

よくあるまちがった考えで、「フロントエンドから商品を考えようとする」方がいらっしゃいますが、それは NG です。フロントエンドは「本命商品の価値を感じてもらうための集客商品」ですから「本命商品」ありきで考えましょう。

●「フロントエンドで利益を得る」と考えてはいけない

もう1つよくある、まちがった考えは「集客商品で利益を得よう」とすることです。集客商品で利益をとろうとすると、集客がつらくなります。

たとえば、売上目標を「月商の売上を将来的に50万円にする！」と設定された方がいたとします。その方のフロントエンドが5,000円の場合、フロントエンドだけで売上を達成するには、なんと100名も1ヶ月に集客をしなくてはいけません。しかも毎月です。

毎月100名集客するのは、1人起業家では不可能に近い数字です。無料

の体験セッションでも 100 名は集まりません。そもそも 100 名のお客さまに向けて、1 ヶ月以内でサービスを提供することも難しいでしょう。それなら、10 万円のバックエンドを作って、5 名のご成約を狙うほうが現実的です。

「フロントエンドでまず来てもらい、そこでしっかり価値を提供してバックエンドを売る」ということを心がけるようにしましょう。

●フロントエンドとバックエンドは関連したサービスにする

フロントエンドがバックエンドとまったく関係がない内容、という方がたまにいらっしゃいます。ですが、「バックエンドの価値を感じていただく」のが、フロントエンドの役割。フロントエンドとバックエンドにつながりがない、あるいは一見つながりがあると感じられない場合、バックエンドのセールスをしても、売ることがとても難しくなります。

もし「お金を引き寄せるヒトになれるコーチング」がバックエンドであれば、フロントエンドは「お金のブロックを外す体験セッション」などにすると、つながりがあり、お客さまもバックエンドに興味を持ってくださる可能性がグッと高まるでしょう。

●バックエンドはフロントエンド提供時にちゃんと PR する

バックエンドが売れない理由に「それをちゃんと伝えていないから」ということがあります。マクドナルドで 100 円のコーヒーを買うと、店員さんは必ず「ご一緒にポテトはいかがですか？」と言いますね。これを言うのと言わないのとでは、売上がまったく違うそうです。伝えるって大事ですね。

マクドナルドでは、アルバイトでまだ日が浅いヒトでも、棒読みでも「ご一緒にポテトはいかがですか？」と言うようになっています。言えば、売れるということです。そこにココロがこもれば、もっと売れることでしょう。

商品の価格設定は
「倍以上の価値がある」という気持ちが大事

さきほどご説明したとおり、フロントエンドは体験していただくことが目的なので、利益をあまり考えません。どんなサービスでもタダにするか、5,000円以下にしましょう。

それでは、バックエンドの価格はどのようにしたらいいでしょうか？

じつは、この値決めがとても重要です。26ページで、おおまかに出した単価をふり返ってみてください。

あなたの目標数字の平均単価は、いくらでしたか？
最初にたてた目標の平均単価と、はなれていないでしょうか？

はなれすぎていなければOKですが、もしいまの商品価格が目標の平均単価よりも低い場合は、いくらあなたががんばっても目標は達成できません。そんなときは、いま一度、あなたのいまの商品に付加価値をつけるか、なにかオプションをつけて平均単価をあげるようにしましょう。

値決めで一番気をつけたいのは「安すぎる金額を設定しない」ということです。あなたのたてた目標単価と同じか、少し高いくらいの価格に設定しましょう！　最初から低価格でサービスを提供しはじめてしまうと、そこから値上げをするのはとても難しくなります。

ちなみに、値決めのときには、

「販売価格よりも、倍以上の価値がある商品内容にする」

ということをおすすめします。たとえばメニューの価格が1万5000円

だったら、心の中で「じつは3万円なんだよ、これ」という気持ちを持てるようにするということですね。

このようなマインドでいると「すごく安い」という気持ちで相手に伝えることができるので、臆することなくセールスできます。ぜひ「2倍以上の価値で販売する」ということをおぼえておいてください。

また「フロントエンドを提供するとき」や「セット売りするなど、バックエンドを安くするとき」には、バックエンドの定価をちゃんと見せたり、伝えたりすることが重要です。

たとえば、フロントエンド商品を提供する（アロマ整体初回体験）場合、

・60分10,000円のアロマ整体 →　初回に限り5,000円

という見せ方をします。お客さまに「半額ですごいお得！」「10,000円の価値がある整体を受けている」と思ってくださることが大事です。

また、バックエンドを安くする（アロマ整体の10回分のチケットをまとめて買うと1枚分安くなる）場合、

・10回チケット、通常10万　→　9万円（1回分タダ）

という見せ方になります。「○○円相当のモノをセットで一度に払っていただける場合は、これくらい安くなります」という見せ方にして、お客さまにお得感をお伝えすることが必要です。

「お客さまのために安くする」という考えはまちがい

「低価格にすることは、お客さまのためになるのではないか？」

そう考えるヒトもいます。でも、あなた自身が価格設定をまちがえて安くすると、お客さまは「本気で体や心をよくしたい！」と思わなくなるの

です。もしあなたがお客さまなら、以下のどちらを本気で受けますか？

　　・1セッション　5,000円のコーチング
　　・1セッション　50,000円のコーチング

　後者の5万のコーチングを受けるとしたら、受ける前からものすごく期待をしますよね。また、期待とともに「5万もするんだから、先生の一語一句忘れずにちゃんと聞かなきゃ！」と真剣に受けるのではないでしょうか？

　高い金額に強い期待を持つお客さまは「変わりたい！」「いまのままではダメだ！」とココロから思っています。そんななかで、安い金額で提供してしまうと、「こんなものか」と最初から期待をしなくなってしまうのです。結果的に、お客さまご自身が変わる機会を奪うことになってしまいます。

　あなたがキチンとした価格で提供することは、じつはお客さまのためであるということを忘れないでください。

1-7 本格的にお客さまを 集める前に

あなたの商品を「見える化」しよう！

DOWNLOARD
1-6

　ここまで読んでいただき、さまざまなワークを通して、あなたのこれから売りたい商品がイメージできたと思います。

　それをもっと「見える化」しましょう。時系列で図にまとめることで、「お客さまにもたらす未来」をパッと見ただけで示すことができます。

▼「35歳以上の女性で肌のくすみやたるみに悩んでいるヒト」がターゲットの商品説明

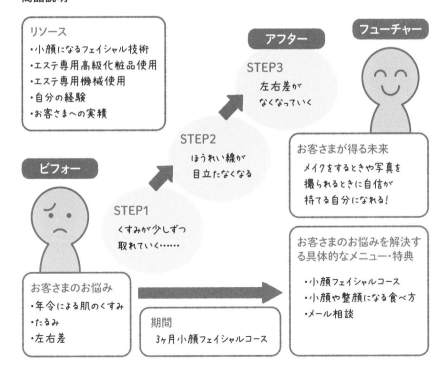

リソース
・小顔になるフェイシャル技術
・エステ専用高級化粧品使用
・エステ専用機械使用
・自分の経験
・お客さまへの実績

アフター

フューチャー

STEP3
左右差が
なくなっていく

STEP2
ほうれい線が
目立たなくなる

お客さまが得る未来
メイクをするときや写真を
撮られるときに自信が
持てる自分になれる！

ビフォー

STEP1
くすみが少しずつ
取れていく……

お客さまのお悩みを解決する具体的なメニュー・特典
・小顔フェイシャルコース
・小顔や整顔になる食べ方
・メール相談

お客さまのお悩み
・年令による肌のくすみ
・たるみ
・左右差

期間
3ヶ月小顔フェイシャルコース

図中のステップ1～3には「お客さまが変化していく様子」を書きこんでいます（ここではわかりやすくステップ1～3にしていますが、メソッドによってはステップ7や9になってもかまいません）。

　このように、あなたの商品を「見える化」することで、リアルでもネットでもお客さまに上手に伝えることができます。たとえば、セールストークで図をお客さまへ見せれば、

「私の提供している商品は、こんなお客さまの役に立ちます」
「提供している技術はこんなお悩みを解決できます」
「期間はこれくらいかかります」
「お悩みを解決したあとは、こんな未来を手に入れることができます」

　などの重要なポイントをサクッとお伝えできます。また、この図はこれから学ぶFacebookの投稿やブログ投稿の材料になりますので、ぜひ作成しておきましょう。

1人でもいいから、お客さまの実績を作る

　ここまでお読みいただき「ご自身のビジネスや商品はどんなものにしたらいいか？」が見えてきたと思います。しかし、あなたの頭の中でコンセプトや商品を作ったところで、それは独りよがりのもの。このままではお客さまを置き去りにしてしまいます。
　そこで、ある程度固まったコンセプトと商品を使って、お1人でもいいので、お客さま（お友だちでかまいません）に受けていただき実績を作りましょう。
　実績作りは以下の点で役に立ちます。

・必ず見込み客が閲覧する「お客さまの声」のページに掲載
・自分のビジネスに自信がつく

私がサロンをはじめたとき、あたりまえですが、まったく実績はありませんでした。そこで、友だちに「タダでいいからお願いします」と言って、体験してもらいました。ネットでいきなり知らないヒトを募集する必要はありません。まず、身近なヒト（将来的にお客さまにならなくてもいいので）に体験をしていただき、その感想を聞くのです。具体的には20ページの「おためし期間」でお伝えした内容を聞いてみてください。

　お1人決まったら、1回きりのセッションや施術ではなく、成果がでるまで（3ヶ月で成果がでるなら、3ヶ月間）その方の経過観察をすることがとても重要です。

　もしすでにビジネスをはじめていて1人でもお客さまがいるなら、「その後どうですか？」と、かたっぱしから電話しましょう。

　このように「お客さまの声」を手に入れることで、Facebookやブログでの集客ネタになりますし「この商品は自分が思っていたよりも、よいものかもしれない」という自信や確信を持てるようになります。「実績がないです！」とおっしゃる方が多いのですが、「いま」作ればいいのです。

　実績が作れたら、次はいよいよネットでの告知をはじめていきましょう！

第 2 章

効率よくアプローチして
好感をもってもらう
「Facebook集客」

2-1 Facebookの特徴をフルに活かして集客する!

SNSは「まだ出会っていない価値観があうヒト」にリーチできる

あなたはいま、SNSを利用していますか?

また利用している方は、どのくらい情報発信しているでしょうか?

「友達の投稿を見るだけで、投稿したことはほとんどない」

このような方でも、ご安心ください。SNSで売りこみ感なく集客する方法を、これからお伝えしていきます。

しかし、そもそもなぜSNSを活用して集客するのでしょうか?

私がはじめてSNSを使ったのは大学時代に大流行したmixiです。子どもを出産したときは、すぐにmixiを通じて地域のママコミュニティに入りました。まだ出会ったことがないママたちと交流し、その後カフェで実際に会い、本当のリアルな友だちになっていく、という経験を何度もしています。このようにSNSの魅力は、友だちとのつながりを強化するだけでなく「まだ出会ってないヒト」との出会いがあることです。

チラシや看板もまだ会っていないヒトにアプローチできますが、制作にお金と時間がかかってしまいます。一方SNSは無料でかんたんにはじめられますし、たくさんの方に効率よくアプローチできます。

さらに、SNSではあなたが発信した情報に共感したり、興味をもったりする「あなたと価値観があう人」とつながれます。その方が実際にご来店

されたとき、あなたと共通する好きなことや苦手なこと、悩みなどの盛り
あがれる話ができるでしょう。その話にあわせて、さりげなく商品・サー
ビスの話題に触れることで、よりあなたのビジネスに魅力を理解しご購入
につながりやすくなります。

　一方、あなたと価値観があわないお客さまを接客する場合、そのような
前置きはなしで、あなたの商品やサービスの魅力を説得することになり、
売りこみ感が強くなってしまいます。

　このように、購入につながるようなヒトをたくさん集めるには、

「知らないヒトと効率よく出会える」「価値観があうヒトとつながれる」

　この2つの特性を持つSNSがとても役立つのです。

「Facebook」はなぜ集客にむくのか?

　そんな数あるSNSの中から、私が特におすすめしているのが「Facebook」
です。
　Facebookはプライベートの延長でビジネス活動ができるSNSの1つ。
うまく活用すれば、Facebookで拡散されたブログやホームページにステキ
なお客さまがやってきます。

「いまさらFacebook?」という疑問も持つかもしれませんが、以下4点
のメリットがあるため、いまもなお、私やクライアントさんは継続的に集
客できています。

●実名でアカウントを作成する

　FacebookとほかのSNSとの違いは「実名投稿」がキホンであること。
Facebook以外のSNSは匿名で利用できますが、Facebookは実名投稿を利
用条件に入れているのです。そうすることで、"荒らし"のコメントを防ぐ

ことができますし、たくさんのアカウントを作って荒らすヒトも防げます。

　また荒らし防止だけでなく、「実名検索できる」こともビジネスにおける強みです。Facebook 内の検索はもちろんですが、Google でも実名を検索すると Facebook の個人ページが検索結果に出ます。そこから昔の友だちや知りあいが「いま、○○さんはこんなビジネスをしてるんだ」と知ることで、あなたのビジネスを応援してくれたり、お客さまになってくれたりする可能性が高まるのです。

●友達のつながりであたらしい友達ができる

　たとえば、あなたの友達の、そのまた友達を A さんだとしましょう。この時点で、あなたと A さんは友達ではありません。

　しかし、あなたの友達があなたの投稿に「いいね！」やコメント、シェアをすると、A さんはニュースフィードであなたの投稿を見ることができるのです。また、A さんの Facebook の「知り合いかも」一覧に、あなたのアカウントが掲載される可能性もあります。

　このように、なんらかのカタチで A さんがあなたのアカウントや投稿を認知すれば、A さんがお客さまになってくれる確率がグッと上がります。私が個人サロンをしていたときも、私のお客さまの友達が来てくださることが多くありました。それはすべて Facebook でお客さまが私の投稿に「いいね！」やシェアをしてくれたから。その「いいね！」を見て「○○さんがおすすめするサロンだから」という理由で予約を入れてくださるのです。

●たくさんのグループやコミュニティへ参加できる

　たくさんのグループやコミュニティに参加できるのは Facebook ならではの機能。Facebook の検索窓を使い、あなたのお客さまがいそうなグループやコミュニティを検索します。そのグループに入ることで、今後お客さまとなりそうな方（見込み客）とつながることができるのです。

　グループの規定によりますが、告知が OK であれば、ビジネスを宣伝できます。もし告知が NG なら、そのコミュニティに入っている方の投稿を見にいき、その方の投稿に「いいね！」やコメントをしましょう。交流が

生まれれば、お客さまになってくださる可能性が高まります。

●文字を多く投稿できる

たとえば、Twitter は半角 280 文字までしか投稿できませんが、Facebook は 6 万字以上投稿できます。このように、Facebook はほかの SNS と比べて情報量が多く信頼度の高い投稿をしつづけることができるのです。

Facebook を安心・安全に活用するために

Facebook の集客におけるメリットはおわかりいただけましたか？

ただメリットもあれば、もちろんデメリットもあります。安心して Facebook を活用するために、気をつけるべきポイントも知っておきましょう。

●個人情報が漏えいする

前項で「Facebook」は実名投稿である、とお伝えましたが、これはデメリットにもなります。「実名で登録」するということは、世界中のインターネット上にあなたの名前が公開されるということ。私のクライアントさんも、ここをためらう方が一番多いです。

また、ふだんの投稿でも個人情報の漏えいに気をつける必要があります。たとえば「○○カフェにいます！」とか「○○に旅行中です」など、いまいる場所がわかる投稿は、投稿する時間をまちがえると危険です。あなたに関心をもつ閲覧者がその場所に行く可能性はゼロではありません。

特に自宅から外を撮影した風景は絶対にアップしないよう注意すべきです。写真からあなたの家を探りあてられてしまうかもしれません。また、あなたの家族（子どもやパートナー）の写真投稿も慎重になりましょう。

●「アカウント乗っ取り」のリスクがある

Facebook を閲覧するには、ログイン ID とパスワードを入力します。このあなたしか知らないはずの ID とパスワードを第三者のだれかに、不正

利用されてしまうことを「アカウントの乗っ取り」と言います。

　2020年2月、LINE で不正ログインが多発しましたが、私のプライベート LINE も第三者に不正ログインされた経験があります。すぐにパスワードを変えたので、それ以上の被害はおさえられましたが、こういった不正ログインは SNS を使っている以上、リスクとして考えなくてはなりません。

　現時点での対策は5つあります。

　　・パスワードの変更
　　・連携アプリの解除
　　・友達承認を慎重にする
　　・2段階認証
　　・ログインアラートの設定

　この5つをあらかじめ設定・心がけておくことで、アカウントの乗っ取りはほぼ避けられます。ただ絶対ではありませんので、勝手に投稿されていないか日々チェックし、パスワードも3ヶ月に1回は変えるようにしましょう。

●機能が多く、よくアップデートされる

　Facebook は予告なしに機能変更になったり、表示が以前と違ったりすることがあります。大幅な変更ではないものの、たとえば1ヶ月ぶりに Facebook を使うと、画面が変わっていて戸惑うことがあります。戸惑いがあると、とたんに操作がめんどうになり、それがキッカケで、Facebook の集客活動をしなくなってしまう方もいます。

　対策は、毎日ログインすることを習慣化することです。そうすれば、機能がアップデートされたとしても、だれかが投稿で「この部分が変わったね！」とシェアしてくれているので情報を共有でき、すぐに適応できるでしょう。

Facebook はスマホアプリが断然使いやすい！

あなたは Facebook をいま使っていらっしゃいますか？

使ってない方やそもそも SNS になじみがない方は、どうやって使うのかがわからないでしょう。

ここではかんたんに導入方法を説明します。Facebook はスマホとパソコン両方で使うことができますが、本書では通勤時間や家事や育児の合間など、スキマ時間を使ったビジネス活動を伝えています。できるかぎり携帯しやすいスマホへの導入がおすすめです。

●スマホ

あなたのスマホが iPhone であれば「App Store」、Android なら「Google Play」で、「Facebook」を検索しましょう。「Facebook」のアプリをダウンロードしたあと、アカウントを作成します。以後、Facebook のアプリを立ちあげれば Facebook を使うことができます。

また、パソコンであらかじめアカウントを取得していると「Safari」や「Google」の検索アプリから Facebook へログインすることもできます。ただ、スマホ専用に作られた Facebook のアプリのほうがとても使いやすいので、アプリでログインすることをおすすめします。

●パソコン

インターネットブラウザ（「Google Chrome」や「Internet Explorer」）を立ち上げて、Facebook（https://www.facebook.com/）にアクセスしてください。アカウントを作成しログインすれば Facebook を使うことができます。

2-2 Facebook 集客のカギは「信頼関係の構築」

閲覧者との「信頼」が交流のベースになる！

　Facebook の特性はご理解いただけましたか？　それをふまえたうえで、Facebook を使う"こころがまえ"についてお伝えいたしましょう。

　そもそも Facebook は「交流促進」のためのコミュニケーションツール。この「交流」を最大限に活かすことで、あなたのビジネス活動の大きな助けになります。

　では、交流を促進するためにはどうすればいいでしょうか？

　それは、まず「信頼関係を構築する」ことが必須です。信頼関係がないと、そもそもあなたのビジネスや投稿にも興味を持ってくれません。

　特に Facebook でやってはいけないのは、信頼関係をいっさい築いていない状態で「あからさまな売りこみをする」こと。たとえば、Facebook 上で"友達"になったばかりの方に、ビジネスの宣伝やセミナーの案内、「私のメルマガに登録してください」といった一方的なアピールを送ることは避けましょう。リアルで言うなら、街を歩いているときに、突然勧誘することとまったく同じ。これをされていい気持ちになる方はほとんどいないはずです。

　もし相手に「不快だ」と思われた場合、その瞬間「ブロック」されてしまいます。ブロックとは、もう二度とその方へアクセスできなくなること。また、ブロックをしたヒトは、周りの友達に「このヒトすぐ売りこみしてくるから注意してね！」というウワサを流しかねません。そうなると Facebook で友達申請をしても承認されなかったりします。

よって、Facebook 上で見込み客とスムーズに交流しビジネスをするためには、少なくとも、

「あなたの投稿を拒否せず、関心を持ちつづけてくれるような信頼関係を築くこと」

がなにより大事になるのです。

お客さまにとって「ほんのちょっとだけ」あこがれの存在を目指そう

では、信頼関係はどうやって築くのでしょうか？　それは、Facebook を通じて、あなたの「清潔感」と「親近感」を伝えることです。

ここでの「清潔感」とは、見込み客に不快だと思われないような、最低限のルールやマナーのこと。たとえば、女性の場合、社交の場ではメイクをするのがマナーですし、男性ならヒゲを剃るといったことです。

さらに、この清潔感をベースにしたうえで「親近感」を意識してみましょう。「親近感」というと「自分を低く見せて寄り添う」と捉える方もいらっしゃるかもしれません。しかし、そうではないのです。たとえば、あなたのサービスは単価が高く、しっかり結果を出すサロンだとします。にもかかわらず、Facebook で「八百屋さんで 100 円の大根買いました！」といった投稿をすると、見込み客はどんな風に感じるでしょうか？

「100 円の大根……。高級なサロンを経営している方なのに、なんかイメージと違うなあ」

もちろんふだん、100 円の大根を購入しても、節約生活をしてもまったく問題ありません。ただ、その投稿をすることで「見込み客がどう感じるか」をイメージすることが大事なのです。

Facebookでビジネスをするのであれば、Facebook上では、見込み客の"先生"のような見せ方をする必要があります。「こんなヒトになりたいな」「こういう生活いいな」「少しがんばればできそう！」と見込み客が、ほんの少しあこがれるくらいの投稿をするのがおすすめです。

▼見込み客にとってのあなたの立ち位置

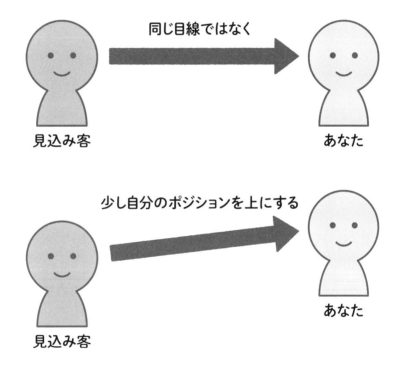

親近感はお客さまの「好きそうなテイスト」からイメージを持つ

　「でも、見込み客がいいなと思う親近感ってどうすればいいの？　具体的には？」

これは見込み客の「好きなテイスト」をイメージするとわかりやすくなります。たとえば、あなたのビジネスが女性をターゲットにしている場合は「女性誌」、男性をターゲットにしている場合は「車」で考えてみましょう。

　女性のお客さまは、ふだんどんな雑誌を読んでいるでしょうか？
　あるいは、どの女性誌に近い服装をしているでしょうか？

　男性の見込み客は、ふだんどんな車を乗ってるでしょうか？
　どんな車が好きそうでしょうか？

　このように、あなたの見込み客はどのテイストが好きそうかをイメージして、下図のどこにあてはまるか確認します。

▼ターゲットが好きそうなテイストを「女性誌」から考える

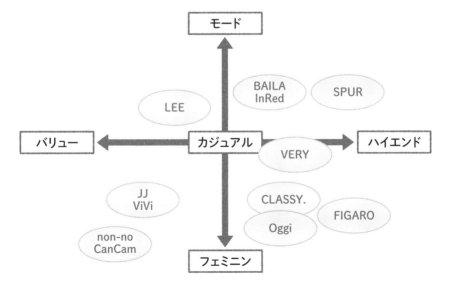

▼ターゲットが好きそうなテイストを「車」から考える

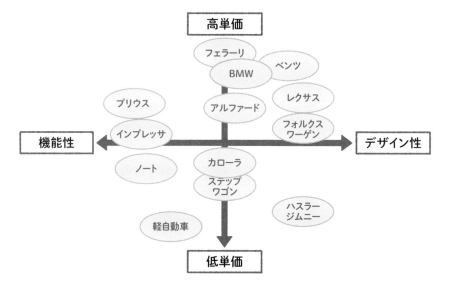

　好きそうなテイストがわかれば、その雑誌や車の広告などを、よく見て分析しましょう。その世界観に近い情報発信を心がけることで「ほんの少しあこがれる」くらいの親近感を与えることができるのです。

　なんとなく Facebook の使い方のイメージはついてきたでしょうか？次節からは、実際に Facebook に触れてみましょう！

2-3 友達申請を承認したくなる「プロフィール」の秘訣

あなたの「顔」になるプロフィールのキホン

Facebookの「プロフィール」はとても重要です。スマホで閲覧したときのプロフィールを下図で見てみましょう。

カバー写真

プロフィール写真

鈴木夏香 (サロン集客コンサル)
小さなサロンセラピスト、スピリチュアルセラピストの集客や経営のサポートをしています。ネット集客歴15年とパソコンインストラクターの経験を活かし、やさしいWebコンサルをご提供しています。

自己紹介
101文字まで

⊕ ストーリーズを追加 ・・・

プロフィールは、あなたの「顔」。ヒトの印象は3秒で決まると言われていますが、まさにその印象がここで決まります。

有名な「メラビアンの法則」では、ヒトの第一印象は「視覚(見た目)」が55%を占めるそうです。ここで言う「見た目」は、なにも容姿がいい、ということだけではありません。たしかに美人な方、イケメンの方は目立ちますが、それよりも大事なのは、写真や動画から伝わる身だしなみ、表情や目線、姿勢です。

容姿に自信がなくてもまったく問題なく、親近感を与える写真や動画であれば、相手から友達申請をしてくれる可能性がグッと高まるのです。さらに、こちらからの申請も承認されやすくなり、あなたの見込み客がどん

69

どん増えていきます。

プロフィールは「1ヶ月」で ビジネスモードに切り替える

さきほど、Facebook のプロフィールは、あなたの「顔」で、とても重要だとご説明しました。ではどうすれば、好印象を与える Facebook のプロフィールが作成できるでしょうか？

まだビジネスをはじめたばかりで友達の数も少ないのに、いきなりビジネス感全開のプロフィールは NG です。64 ページの Facebook の心がまえを思い出してください。信頼関係も築いていないのに、ビジネスを全面に出してしまうと「売りこむために Facebook を活用している」という印象を与えて、友達申請を受け入れてもらえません。

そこで、次の図のようにステップをふみながら作成します。

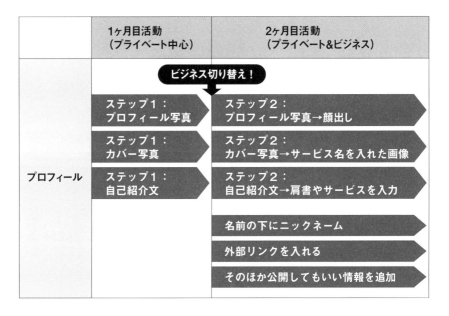

プロフィール	1ヶ月目活動 （プライベート中心）	2ヶ月目活動 （プライベート&ビジネス）
	ビジネス切り替え！	
	ステップ1： プロフィール写真	ステップ2： プロフィール写真→顔出し
	ステップ1： カバー写真	ステップ2： カバー写真→サービス名を入れた画像
	ステップ1： 自己紹介文	ステップ2： 自己紹介文→肩書やサービスを入力
		名前の下にニックネーム
		外部リンクを入れる
		そのほか公開してもいい情報を追加

●ステップ1　1ヶ月目は「初対面でも信頼される」プロフィールに

まずは友達の数を増やすために、あなたから送った友達申請を承認されやすくすることが目的です。

そのためには「友達申請される側」の気持ちになることが大切ですね。友達申請を受けとるとどんな画面が表示されるか、見てみましょう。

大きく表示される「プロフィール写真」の印象がよければ、承認してくれる可能性がグッと高まるでしょう。また、画面の「名前」をタップすると、もっとくわしいプロフィールが閲覧できるので、承認してもらうためには、「カバー写真」や「自己紹介文」の印象も重要なポイントです。

●ステップ2　2ヶ月目は「ビジネスとして信頼を得る」プロフィールに

　1ヶ月間、ステップ1のプロフィールのまま友達申請や投稿を続けたら、ステップ2に移ります。

　ステップ1で設定する写真や自己紹介は、あくまで友達申請承認用。このままではビジネスとしての信頼度がアップせず、集客には難しいです。

　そこで、2ヶ月目はプロフィールを集客用にビジネス情報を追加していきます。いよいよビジネスとしてFacebookを本格的に使う段階、といえるでしょう。

このように、1ヶ月目と2ヶ月目では、プロフィール作成の目的が違います。具体的な作成方法は次項以降から説明するので、しっかり目的を意識して作成していきましょう！

「プロフィール写真」で第一印象は決まる

プロフィール写真はプロフィールの中でも、もっとも重要。投稿やコメント、「いいね！」とともに表示されるなど、一番 Facebook 上で表示されるからです。

では、どのような画像をプロフィールに設定すればいいのでしょうか？

Facebook は「あなたの見込み客に信頼される」目的で利用しています。よって、あなたのお顔の写真を載せるようにするのがキホンです。

ただ、どうしても顔出しの勇気が出ない方も多いはず。1ヶ月目の時点であれば、横顔や下向きかげんでもかまいません。それさえも勇気が出ない場合は、イラストがおすすめです。業者に頼んであなたの似顔絵を作りましょう。

ただし、2ヶ月目以降はしっかりビジネスをするのが目的です。あなたのお顔はちゃんと出すようにしましょう。

プロフィール写真で大事なポイントは以下の3つです。

●カメラ目線かつ笑顔の写真にする

「カメラ目線」の写真は目にとまりやすくなりますので、うつむかずにまっすぐ正面で撮りましょう。

また、ビジネスの種類にかぎらず、「笑顔」は親近感を与え、閲覧者とのココロの距離が一気に近づきます。実際、すました顔よりもしわくちゃの笑顔のほうが、問い合わせ率は高くなります。

●バストアップにして、顔がわかるようにする

たまにプロフィール写真が体全体の方がいらっしゃいます。しかし、そのような写真をスマホで見るととても小さくなってしまい、どんなお顔をしているのか、相手に伝わりません。お顔がわかりにくいプロフィール写真は、信頼感を得るのが難しくなってしまうので避けましょう。

●仕事に直結する服装で撮影する

服装はあなたの好きな服や似合う服よりも、「その仕事をするときの服装」がベスト。実際に会ったときとFacebookのプロフィール写真があまりに違うと、お客さまに違和感を与え信頼度を下げてしまうためです。

そもそも制服がなかったり、対面でお客さまと会わなかったりするビジネスであれば、色味のない「白シャツ」が一番いいでしょう。真っ黒のシャツなどはあまりおすすめしません。黒の服装は、どんなに笑顔でも印象が「キツく」見えてしまうのです。特にあなたがセラピー系などの対人支援のビジネスをするなら、要注意です。

あなたに興味を持ってもらえる「カバー写真」とは?

カバー写真は、プロフィール写真の次によく見られるところです。ブログやホームページでいうところの「ヘッダー」にあたります。

次の図はブログやホームページを開いたときの画面ですが、ヘッダーがパッと目に入りますね。このヘッダーで閲覧者は「下に続く文章を読むかどうか」を決めます。

「自分の好きなイメージだ」「自分の悩みを解決してくれそうだ」

という印象を与えれば、文章の続きを読んでくれるのです。

　同じように考えれば、Facebook のカバー写真もぜひ「閲覧者があなたや
あなたのビジネスによい印象を持ち、興味が持てる」画像にしたいところ
です。

　それをふまえたうえで、カバー写真も1ヶ月目と2ヶ月目はわけて、考
えましょう。

● 1ヶ月目

　1ヶ月目のポイントはいきなりビジネス色を出さないことでした。では、
どんな写真がいいでしょうか？

　たとえば、飼っているペットやあなたの趣味の写真、お花や風景の写真
などでもかまいません。できるかぎり、あなたが好きなものにして、あな
たと価値観の合うヒトを惹きつける画像にしましょう。

　また、ゴチャゴチャしすぎない清潔感のある写真を選ぶのがベストです。

● 2ヶ月目

　2ヶ月以降は、ビジネスモードに切り替えましょう。

　物販やエステ、ダイエットなど見ただけでわかるビジネスなら、イメー
ジが伝わる写真だけでもかまいません。しかし、コーチングやカウンセラー

など無形のサービスを提供しているヒトは、1章で決めたサービス名やコンセプトフレーズを入れるようにしましょう。

写真に文字を入れるアプリは、「LINE Camera」などがかんたんに操作できておすすめです。

「自己紹介文」はプライベートとビジネスのバランスが大事

プロフィールやカバー写真は、あなたのイメージを伝えられます。

しかし、なんとなくのイメージだけでなく、文字でもしっかりと補足したいところです。そこで、「自己紹介文」であなたの情報を追加しましょう（文字数は101文字まで）。

●1ヶ月目

何度もお伝えしているように「○○サービスしています！」とダイレクトにビジネスを伝えるのはNG。この時点での自己紹介文は、プライベートな内容をベースに、あなたのビジネスを「ほのめかす」くらいを目指しましょう。

たとえば次のような文章が考えられます。

> 2歳の子どもを持つママで子育て奮闘中です。趣味は料理。お酒も大好きですが母乳のためガマンしています。現在○○区在住。大好きなアロマを現在勉強中です。

> 会社員で SE をしています。趣味は映画鑑賞です。ほかにも、趣味で動画編集をしていて友だちの結婚式の動画を撮影しました。

● 2ヶ月目

2ヶ月目以降は、しっかりとあなたの肩書やサービスを伝えます。101 文字に収まるように、以下の要素を入れましょう。

・肩書やサービス名（1章で決めた内容）
・地域性のあるビジネスの方は「地域名」
・CTA（CallToAction：「行動喚起」）
・プライベート

CTA とは「最終的に起こしてもらいたい行動」へ閲覧者を誘導することです。たとえば、

「初回の割引の詳細はブログやホームページに掲載されています」
「初回特典がほしい方は LINE 登録してください」

など、「起こしてもらいたい行動」がわかるようにします。

また、自己紹介文はすべてビジネスに関する内容にすると、共感できるポイントが少なくなってしまいます。見込み客との距離を縮めるために、あなたのプライベートを一部お伝えしましょう。

横浜市青葉区で 35 歳からのむくみをスッキリさせる代謝アップ専門セラピストです。LINE 登録すると初回限定特典あり！わがまま 2 歳の娘を育てるママです ^^

個人起業家向けプロフィール動画専門の動画プロモーターです。10 年勤続している SE としての経験を活かして、動画編集だけでなくさまざまな IT サポートもご提供！ブログから体験申し込みできます。趣味は映画鑑賞です ^^

さらにプロフィールをビジネスに強化させる 2 つのポイント

ここまで説明してきたことをふまえて作成すれば、友達申請が承認されやすく、好印象が持てるプロフィールになります。

さらに、2 ヶ月目以降で「ニックネーム」「外部リンク」欄に情報を入力すれば、より集客につながりやすいプロフィールになるでしょう。

●ニックネーム

69 ページの図をもう一度見てみましょう。名前の右に（）でニックネームを入れることができますね。

私の場合は、名前の右に（サロン集客コンサル）と入れています。このように、「どんなサービスを提供しているのか」がサクッとわかるようなニックネームをつけることをおすすめします。

ただし、名前は一度変更すると 60 日間は変更できませんので、慎重に決めてください。

●外部リンク

図のように、Facebook はあなたのブログやホームページのリンクを貼ることができます。

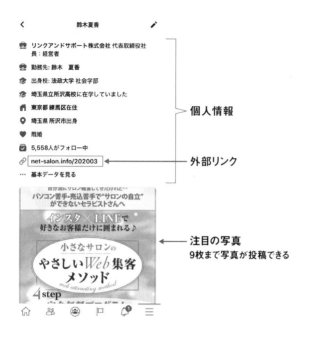

個人情報

外部リンク

注目の写真
9枚まで写真が投稿できる

　ここでは、よりあなたのビジネスへの信頼が高まるページ、あるいは「申し込み」など具体的な行動を促せるページのリンクを貼ることをおすすめします。たとえば、初回体験のくわしい内容が書いてあるブログ記事、あるいは、メルマガやLINEなどのリンクがいいでしょう。

　また、読み手が迷わずクリックできるように、リンクの数はできるかぎり1個に絞ります。

おそれずあなたの情報を伝えれば、相手も心の窓を開いてくれる

　Facebookカバー写真、プロフィール写真、自己紹介文でも信頼性は高まりますが、より多くの情報を公開することでより信頼されます。在住、出身、出身校、生年月日、既婚か未婚、仕事場……などなど、あなたが公開してもいい基本情報を追加していきましょう。

ちなみに、私の場合は「在住」と「出身校」を入力しています。そのおかげで、出身校をキッカケに同級生から連絡が来たり、「私も○○高校出身です！」という理由でメルマガをご登録いただいたり、セミナーに来ていただいたりしました。

　リアルでも出身校や在住が共通していると、打ちとけやすくなりますよね。それは、Facebook でも同じ。見込み客との共通点が多ければ多いほど、警戒心が解け、受け入れてくれる可能性が高まります。

　もちろん、61 ページでもお伝えしたように、個人情報が漏えいするリスクは伴いますので、注意は必要です。それぞれの項目で、全公開か友達までか、友達の友達までか……など公開範囲を選ぶことができますので、「ここまでは出しても大丈夫」というところまで、基本情報を追加していきましょう。

2-4 ２ヶ月で友達を 「1000 人」 増やす方法

あなたから見込み客へ積極的に働きかける「友達申請」

前節までのプロフィール作成は、相手からアクセスしてきたときに、第一印象をよくすることがおもな目的でした。つまり友達になっていただくのを「待っている」状態です。

しかし、ネット集客は「待っているだけ」では集客はできません。こちらからもアクションして、あなたの Facebook のページに訪れる方を増やさなくてはなりません。その数を増やす行動の１つが「友達申請」です。

基本的には以下の手順で友達を増やすことができます。

①Facebookでつながりたい方の個人ページにアクセスする
②「友達になる」というボタンをタップし、相手に「友達リクエスト」を送る
③相手が承諾することで、友達になれる

なぜ、1000 人友達を 集める必要があるの？

それでは、実際に友達申請をしていきましょう。

次のガントチャートにあるように、まず２ヶ月で 1000 人が友達になることを目指します。

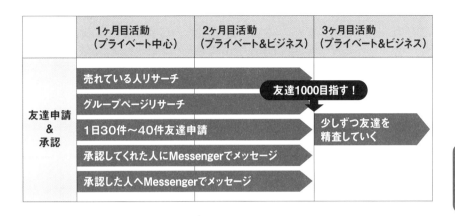

	1ヶ月目活動 （プライベート中心）	2ヶ月目活動 （プライベート&ビジネス）	3ヶ月目活動 （プライベート&ビジネス）
友達申請 & 承認	売れている人リサーチ グループページリサーチ 1日30件〜40件友達申請 承認してくれた人にMessengerでメッセージ 承認した人へMessengerでメッセージ	友達1000目指す！	少しずつ友達を 精査していく

「え⁉　1000人も増やす必要あるの？」

　と思うかもしれません。ですが、これはあなたが集客するために、必要な数なのです。

　本書では、あなたの1つの投稿につき「100いいね！」がつくことを目指しています。そのくらいの数がつけば、たいていの方から「このヒトは注目されている」という印象を与え、集客に有利です。

　そのためには、投稿のアプローチ数を増やす必要があります。どんなによい投稿をしても、あなたの投稿に興味を持ってくれる（「いいね！」をしてくれる）方はせいぜい10〜15%程度。「100いいね！」を集めるためには、最低1000人友達になる必要があるのです。

　そして「2ヶ月までに1000人」の目標を達成したあとは、お友達を精査していきます。

　友達の中にはログインをしなくなってしまったり、アカウントを削除してしまったりする方もいます。また、中にはまったく見込み客ではない方もいらっしゃいますので、少しずつお友達を削除してブラッシュアップしていきましょう。

このような流れで友達を集め、ビジネス用のアカウントにしていきます。

いまは「1000人」という数字は途方もなく感じるかもしれません。ですが、これから説明する申請方法に取り組めば、必ず目標を達成できます！ぜひ、しっかり読みこんで実践してみてください。

▎友達申請は「7割断られる」心づもりで

いよいよ友達申請をスタートするわけですが、1000人集めるからといって、やみくもに申請するのはよくありません。よりあなたの見込み客に近い方を見つけて友達申請をしていきます（くわしくはのちほど説明します）。

その方たちとは、もちろん初対面。まだ会ったこともない方に友達の申請をするのは、ドキドキしますね。そこで、押さえておいてほしいのは、

「100％友達申請が下りるわけではない」

ということです。想像すればわかることですが、知らないヒトから友達の申請が来たら、ビックリしますし、「このヒト何者？」と思われるのはあたりまえ。特に、Facebookをプライベートでしか使ったことがない方は、とても警戒心を抱いてしまいます。

そうならないために、前節でお伝えしてきたFacebookのプロフィール作成が重要なのですが、プロフィールを万全にしても、100％申請が承認されるわけではありません。私やクライアントさんの経験則では、承認してくれるのは、おおよそ「30〜40％」の確率。
「断れたらショック！」と思うかもしれませんが、ビジネスをするうえで、断られることも仕事の1つだと思ってほしいのです。

また、承認されないのは理由があるはず。「なかなか承認してもらえないな」と思ったら、前節を読みなおし、あなたのプロフィールをもう一度ふり返ってみましょう。

友達申請は1日「30～40件」くらいにおさえよう

さきほどの「友達申請は7割断られる」以外に、ぜひもう1つ心がまえをしておいてください。それは、あなたが2ヶ月で1000人友達を増やすためには、

「1日30～40件」を目安に友達申請する

ということです。本来は1日にもっとたくさん申請できるのですが、一度にドッと友達申請をすると、Facebookからブロックされる可能性が高まってしまいます。

Facebookはコミュニケーションツールである、とお伝えしましたが、友達を異常に増やそうとする行動はツールを悪用しているとみなされてしまうのです。

よって、申請の頻度も短時間で一気に30、40件とするのではなく、スキマ時間で朝10分、昼10分、夜10分ずつ、10～15件ずつ申請していくのが理想です。

すぐに友達申請をしたくなるかもしれませんが、あわてないでください。

同業者にアクションしている方は、かなり期待できる見込み客

さきほど、「友達申請は、よりあなたの見込み客に近い方を見つける」とお伝えしましたが、そのような方をどうやって見つければいいでしょうか？

一番可能性が高いのは、売れている同業者に「いいね！」「コメント」「シェア」などのアクションをしている方です。ここでのポイントは、

「売れている同業者の『友達』にアプローチするのではない」

ということ。だれかの投稿に「いいね！・コメント・シェア」をしている方は、Facebook にログインし投稿を閲覧しているヒトです。つまり、Facebook をちゃんと利用している「アクティブユーザー」です。

　同業者の「友達」の中には、アクティブに動いていない方もいらっしゃいます。そうなると、せっかく申請してもムダ足になってしまいますね。アクティブユーザー／非アクティブユーザーの見わけ方は難しいですが「いいね！・コメント・シェア」をしているかどうか、は基準の1つになるでしょう。

　ただし、「いいね！」は注意が必要です。

　アプローチするのは、リアクションボタンの「いいね！」をクリックしているヒト。通常の「いいね！」の場合、自動ツールなどを使っている方もいらっしゃるからです。スマホの場合、長押しをしないと出てこないリアクションボタンで「いいね！」をしている方は、よりアクティブユーザーである可能性が高いのです。

▼通常の「いいね！」（左）と、リアクションボタンの「いいね！」（右）

　ちなみに、「売れている同業者」自体は1章の41ページでリサーチしましたね。ほとんどの売れている起業家は、Facebook でも活動をしているはずですので、Google で検索をしてみましょう。

Facebookグループは見込み客の宝庫

次点であなたの見込み客がいそうなところは、Facebookのグループです。

Facebookはかんたんにだれでもグループを作れるので、クローズドな場所でコミュニケーションをとることができます。たとえば、地域やママ友、学校の同期、趣味（ゴルフ、マラソン、アウトドア系、食べ物系、教室系など）、子育て系……などなど、たくさんのグループが存在しています。

あなたの見込み客がいそうなグループがわかれば、そのグループに入り、グループメンバーに対して、友達の申請をしていきましょう。

グループ自体はFacebookの「検索窓」で検索をします。たとえば、あなたが地域性のあるビジネスであれば、地域名を入れて検索しましょう。すると、下図のように地域のグループがたくさんヒットします。

まず注目すべきは、「参加人数」。できれば100名以上のグループが理想です。参加人数がほかと比べてあきらかに少ないグループは、かなりクローズドなので避けたほうがいいです。

気になったグループを見つけたら、いきなり参加するのではなく、まずそのグループの「概要」を必ず見てください。

「宣伝はできるの？」
「気軽に参加してもいいの？」
「リアルで会った方だけのかなりクローズドなグループなの？」

　これらのきまりを守らないと、ブロックをされたり通報されたりするリスクがあります。
　ただ、もし宣伝ができなくても、ほかの条件がOKであれば、グループに入ったほうがいいです。グループの中では絶対に宣伝してはいけませんが、メンバーは友達候補になります。メンバーに友達申請して、より早くたくさんの見込み客をゲットしましょう。

　少し応用になりますが、グループ検索ワードは「地域名」だけにかぎりません。たとえば、私のクライアントさんにパーソナルトレーナーの方がいらっしゃるのですが、ゴルフのグループに入って見込み客にアプローチをしています。
「パーソナルトレーナーなのに、ゴルフのグループ？」と思いますよね。じつは、パーソナルトレーニングを依頼するお客さまのキッカケは「ゴルフがうまくなりたい」が多いとのこと。そこで、「ゴルフ好きなグループに入ると見込み客に出会えるのでは？」と思い、Facebookのグループページでゴルフのコミュニティに入るようになったそうです。
「私のお客さまになりそうなヒトは、いったいどこにいるの？」と悩む方が多いのですが、このようにお客さまの趣味とあなたのビジネスにつながりがある場合は、そのグループに参加をしてみてください。

　ほかにも、第1章の31ページの検索ワードを参考にどんどん検索してみましょう！

見込み客にならないヒトを見極める4つのポイント

　見込み客になりそうな友達を発見したら、すぐに申請してもいいのでしょうか？

　Facebookでは、友達を5000人までしか登録できないので、あなたのビジネスと無関係な方とつながっても意味がありません。

「そのヒトは、あなたのビジネスにつながりがあるか（＝見込み客に近いか）」

　を見極めるために、プロフィールや投稿をちゃんと閲覧し、人となりを確認したうえで、申請するようにしましょう。

「自分と関係がありそうかなんて、どう判断すればいいの？」という疑問もあると思います。そこで、「見込み客にならない方」の特徴を4つ挙げます。プロフィールや投稿を見たとき、もしあてはまるようであれば、その方には申請をしないほうが無難です。

●①プロフィール写真がない、あるいは加工しすぎている

　プロフィール写真がないのは論外ですが、プロフィール写真をアプリで異常に加工をしている方がいます。Facebookのアカウントの中には、あやしい在宅ワークの勧誘や出会いが目的のアカウント、あるいは性別をよそおっているアカウントもあります。

　もちろん「不自然なプロフィール写真」はすべてそうとは限りませんが、写真を見て「自然な感じじゃない」と思ったら申請しないほうが無難です。

●②投稿を1ヶ月以上していない

　さきほど述べましたが、1ヶ月以上投稿していない方は「Facebookをふだんから使っていない」非アクティブユーザーの可能性があるので、避けましょう。

●③在宅ワークの紹介を匂わせている

プロフィールや投稿の内容が「在宅ワークをしています」とか「現在在宅だけで100万稼げています」といった記載があるアカウントは、申請すると速攻で売りこみメールが来ます。時間のムダになりますので、申請をしないようにしましょう。

●④あなたのサービスのターゲットにあてはまらない

見込み客とつながるのが、Facebook 活用のおもな目的。ターゲットにあてはまらない方は申請する必要はありません。そこで、申請前に以下の3つを確認しましょう。

- ・性別
- ・住んでいる地域（地域関係なく提供できるサービスなら、確認不要）
- ・母国（日本在住でも、日本語が話せない場合もある。対応できるなら、確認不要）

この節でのステップを続けていると、そのうち「友達申請される」ケースがどんどん増えていくでしょう。あなたが友達を承認するときも、この4つの見極めポイントが使えます。

時間がなければ、最低限、①だけは確認することをおすすめします。もちろん時間がある場合は、①〜④をすべて確認してから、承認しましょう。

ついつい承認したくなる、友達申請の6ステップ

この節のはじめに、基本的な友達申請〜承認の流れはお伝えしました。しかし、もう少し工夫することで、グッと承認しやすくなります。

次の6つのステップで申請してみましょう。

①見込み客になりそうな友達を見つける
②その友達のプロフィールや投稿を見る

③その方の最近の投稿を読み「いいね！」やコメントをしてみる

④その方が外部のリンクを掲載していたら、実際にそれを閲覧する

⑤友達申請をする

⑥Messengerで送る（次項でくわしく説明します）

ポイントは③と④です。いきなり申請するのと、相手との距離を縮めたうえで申請するのとでは、印象は全然違います。

リアルのビジネスでも、はじめてお会いする方と打ち合わせするときは、なるべくその方の情報を集めますよね。それと一緒で、

「あなたのことを拝見して、そのうえで申請しましたよ」

ということを伝えて「私のことをわかろうとしてくれているのだ」という印象を与えれば、承認の確率はグッと上がります。

ただし、これをすべてやると、1人につき10分かかってしまうことがあります。特にアカウントを作りたての方は操作にも慣れていないので、余計時間がかかってしまいます。

そんな場合は、③と④のステップを飛ばしてもかまいません。承認率は低くなりますが、友達申請が遅くなるよりも、まずはたくさんの申請をサクサクこなすことも大切です。

申請後の「Messenger」で、承認率をグンと高めよう

「無言で友達申請をしてくる人」と「申請後フォローのメールをくれる人」

多くのヒトが後者の方と友達になりたい、と思いますよね。そこで、申請が終わったらFacebookのメール機能である「Messenger」を使って、メッセージを送りましょう。

まだ友達ではないので、送ったメッセージはMessengerの受信箱ではなく「メッセージリクエスト」に入ります。送ったことは相手に通知される

ので、まったく見られないわけではありません。

　たとえば、こんなメッセージが届いたら、あなたも悪い気はしないでしょう。

> ○○さま
>
> こんにちは。△△と申します。
> いきなり友達申請をしてびっくりされたかと思います。
> じつは□□さんの投稿で「いいね！」されているのを拝見し、たどり着きました。
>
> ○○さんのプロフィールや投稿を拝見し△△と思い共感しました。
>
> 申し遅れましたが、私はいまアロマを勉強中で子育て真っ最中のママです。
> ぜひお友達になっていただけないでしょうか？
>
> △△

　このメッセージのポイントは「だれでもかれでも友達申請しているのではなく、あなただから申請した」ということを伝えて承認しやすくするために、以下５つの要素を入れていることです。

①相手のお名前
②申請の理由
③相手の投稿を閲覧しての感想
④軽い自己紹介
⑤CTA

とはいえ、1つひとつ、ゼロから丁寧に作文してメッセージを送っていると時間がかかります。共通部分はテンプレート化しておくようにしましょう。スマホのメモ帳に保存して、コピー＆ペーストして使っていくと、効率よくメッセージを送ることができます。

Column

見込み客じゃない友達は勝手に外していいの？

ここまで、「見込み客だと思われる方」に友達申請をしてきたと思います。ですが、友達がどんどん増え、いろいろな投稿を見ていく中で、

「やっぱり、このヒト見込み客じゃなさそうだなあ……」

と、気づくこともあるでしょう。

そうなると、見込み客じゃないと思われる方の投稿を見続けるより、見込みがありそうな方の投稿を閲覧して、「いいね！」やコメントなどのコミュニケーションを密にとりたいですよね。その場合はお友達を外しましょう。

「お友達って勝手に外していいの？」

という疑問もあるでしょうが、ほとんど問題ありません。友達から外した、という通知は相手には届きません。

また、友達の精査をすると、あなたの投稿の「いいね！」やコメントの数が増える傾向にあります。これは予測でしかないのですが、Facebookがあなたとやりとりをしている（「いいね！」コメントやシェア、Messenger）友達同士でつながりを作ろうとして、結果的にあなたの投稿が相手のニュースフィードに出やすくなることが原因と考えられます。

「なかなか外せない……」という方は「お友達から外す条件」をあらかじ

め決めておくと、踏ん切りもつくでしょう。私の場合は、まず一度実際にお会いした方は、見込み客から遠くても1年間お友達のままにしています。そのうえで、

・2ヶ月以上 Facebook で投稿をしていない
・こちらから「いいね！」やコメントをしても自分の投稿に2ヶ月以上アクションがない

　このような方々は、少しずつお友達から外していきます。
　ほかにも、友達申請があり承認したのにも関わらず、なにも連絡がない方は、1週間後に外すなどしています。

2-5 ビジネスの価値を最大限伝える「投稿」のオキテ

「あなた」というビジネスの価値を伝えて、ファンを作ろう!

あなたがFacebookに「価値のある情報」を投稿することで、友達による以下のアクションが期待できます。

・いいね!
・コメント
・シェア

この3つの行動を友達がしてくれると、その友達の友達が投稿をみてくれる確率が高まります。もしその方があなたの投稿に興味を持てば、友達申請をいただいたり、直接あなたのFacebookのプロフィールを見てホームページやブログに訪れてくれたりするでしょう。

逆にいっさい投稿をしなければ、このような見込み客と接するキッカケもありません。

では、どのような投稿をすればいいのでしょうか?

ポイントは「売りこみに見せない」と「集客につながる」投稿を両立すること。もちろん、いままでお伝えしてきたようにあからさまな売りこみは、閲覧者に受け入れられません。かといって、まったくビジネスに関わりがない投稿では集客にも結びつきませんね。

そのためには「価値の教育」という考え方で、日々投稿する必要があります。ダイレクトにあなたのビジネスを伝えるのではなく、「ビジネスの価値」をお伝えするのです。

ビジネスの価値は、たとえば「サービスのすばらしさ」「サービスを受けたお客さまの声」ももちろんそうですが、

「"あなた"から、サービスを受けられる」

　これも価値の1つです。そこで、まずはあなたの人柄を伝えて「ファン」を作る投稿をしましょう。
　最初の目標は、あなたの投稿をみている閲覧者に「ステキなAさんは○○というビジネスもしている」という認識を持ってもらうことです。「○○というビジネスをしているAさん」ではありません。

▼ 「あなた」がメイン、「ビジネス」をサブにする

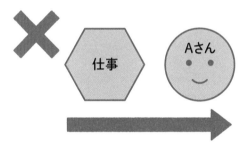

「○○というビジネスをしているAさん」ではなく……

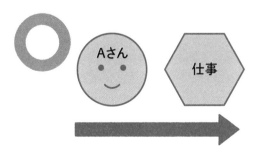

「ステキなAさんは○○というビジネスもしている」に！

このようなファンを育てることで、今後ビジネス色が少し強い投稿をしてもイヤがられず、むしろあなたのブログやホームページへ誘導し、集客につなげることができます。

「投稿」でお客さまやFacebookと 信頼関係を築く

　では具体的に Facebook の投稿についてお伝えしていきましょう！

　流れは下図のようになります。「プロフィール写真」や「友達申請」と同じように、いきなりビジネスの投稿はせず、プライベートからビジネスに少しずつ移行していくのがわかりますね。

	1ヶ月目活動 （プライベート中心）	2ヶ月目活動 （プライベート&ビジネス）	3ヶ月目活動 （プライベート&ビジネス）
投稿	ステップ1: プライベート 投稿1週間　**いいね！50目指す！** ステップ2・3: プライベート 投稿と 中間投稿	ステップ4: ビジネス投稿とプライベート投稿を1対1で投稿 ステップ5: 1週間 告知投稿	ステップ5 くり返し: 1週間 告知投稿

●ステップ1：まずは、プライベートな投稿を1週間

　はじめのうちは、投稿の操作になれることと、あなたの人柄を伝えて「ファン」を作ること。この2つが目的です。

　芸能界でも最近はSNSを使ってプライベートを発信する方が多くなりましたね。昔は芸能人というと手の届かない存在というイメージが強くありましたが、いまは身近に感じてもらえるようにSNSを使っています。

　私たち個人のビジネスでも、より身近な存在に感じていただける発信をする必要があります。そうすることで、閲覧している方がだんだんとあな

たの投稿を待ち望むようになり、ファンになってもらいやすくなります。

●ステップ2：信頼残高を増やすプライベートな投稿をさらに1ヶ月

　プライベートな投稿をもう1ヶ月続けましょう。ファンを作る以外にも、「いいね！」やコメントを増やしていくことで、あなたの友達やFacebookに信頼してもらう、という目的があります。

「友達はわかるけど、Facebookに信頼されるってどういうこと？」と不思議に思いますよね。これまでお伝えしてきたようにFacebookは、あくまでコミュニケーションツール。不快なことをすれば、しばらく投稿ができなくなったり、アカウントを剥奪・停止されたりします（通称「垢バン」と言います）。

　よって、相手に「売りこみされた！」と通報されて、Facebookからとがめられることは避けましょう。そこで、まずは友達とFacebookから信頼されるためにプライベート投稿を積み重ねます。

　信頼度は、あなたの投稿につく「いいね！・コメント・シェア」の数で測れます。この1ヶ月で信頼残高をどんどん増やすようにしてください。

●ステップ3：プライベートとビジネスの中間投稿

　プライベート投稿が慣れてきたら、あなたが提供するサービスと、少しからめた投稿をしていきます。

「あなたの提供するサービスを日常で使うとどんな変化が起きるのか？」といった、あなた自身の体験談などが「中間投稿」にあたります。このような中間投稿をすることでステップ4への移行がスムーズになります。

●ステップ4：プライベート＆ビジネス（告知以外）を織り交ぜる

　そして2ヶ月目でいよいよ、ビジネス投稿をはじめていきます。

　ですが、「ビジネス一色」というわけではありません。ここまで築いてきた信頼関係を壊さないように、いままで「いいね！」やコメントが特に多かった投稿と似た内容もまぜていきましょう。おおよそ、プライベートとビジネスの割合は1：1くらいが目安です。

●ステップ5：体験会などの告知投稿

　ビジネスとプライベートをまぜた投稿に慣れたら、体験会やお茶会などを募集していきます（次節でくわしく説明いたします）。

「文章に必ず画像をそえること」が投稿のキホン

　具体的な投稿内容について深掘りする前に、まずはおさえておくべき「投稿のキホン」を理解しておきましょう。

　Facebook 投稿のキホンは「短い文」＋「写真（動画）」です。

　もちろん文章は情報を伝えるために欠かせませんが、そこに写真もしくは動画があることで、相手のニュースフィード上で、目にとまりやすくなります。

●文章

　Facebook では、なんと6万字まで投稿できます。Twitter は半角で280文字まで、と考えると、相当な文字数が入りますね。ただし、ほとんどのFacebook ユーザーはスマホの小さな画面で閲覧します。あまりにも長い文章にすると、途中で読む気がなくなってしまうので注意が必要です。

　もちろん、短い文章であっても「読んでもらう」コツがあります。たとえば、次の投稿が目に入ったらどうでしょう？

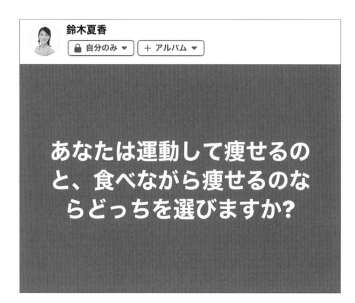

ついつい、答えを考えてしまいませんか？

　ポイントは「はじめの１文」。これは Facebook にかぎったことではありませんが、はじめの１文が「おもしろそう！」「私のことかな？」と思ってくれる文章だと、そのあとに続くくわしい内容にも興味を抱きます。「はじめの１文」はチカラを入れて考えるようにしましょう。

●写真

　Facebook では一度に複数枚の写真を投稿できますが、投稿枚数は多ければ多いほどいい、というわけではありません。大事なことは「写真の配置」を意識すること。「一瞬でどんなことをしているかが伝わる」配置になっているでしょうか？

　６枚以上だと次の図のような表示になってしまい、わざわざタップをしないと６枚目以降を見ることができません。５枚までがキホン、と覚えておきましょう。

　じつは2枚でも注意が必要です。2枚投稿すると、スマホで横に撮影した写真は上下が切れて投稿されてしまいます。また縦で撮影したものは、左右が切れて投稿されます。
「切れてしまったところを見せたかったのに……」なんて後悔しないようにしましょう。

　ここまでをふまえて、私がおすすめする写真投稿枚数は、以下のとおりです。

　・インパクトのある写真をしっかり見せたい！　→1枚
　・旅行や食事、講座の様子をいろんな視点で伝えたい！　→3〜5枚

プライベートでは写真映えする「好きなモノ」を紹介する

　ここまでで、集客のための投稿のキホンはご理解いただけたでしょうか？

　このキホンをふまえたうえで、具体的にどんな投稿をすればいいのか、お伝えしましょう。さきほどのガントチャートをあらためて確認すると、投稿内容はおおよそ4つにわけられます。

　　・プライベートの投稿（はじめの1週間＋1ヶ月）
　　・プライベートとビジネスの中間投稿
　　・ビジネス投稿
　　・告知投稿（←次節でご説明いたします）

　まずはプライベートな投稿について一緒に考えてみましょう。

　プライベート投稿は「あなたが好きなもの」を投稿してください。とにかく投稿では「続けること」が大事。投稿を習慣にするためにも、好きなものを発信すれば、モチベーションも持続しやすくなります。

　また、「好きなもの」の投稿は、あなたの価値観にあうお友達を増やすためでもあります。今後ビジネスを続けていくうえで、あなたの好きなコトに「いいな」と思ってくれる方は、ずっとお客さまになっていただける可能性が高いです。

　具体的には、次のような投稿が考えられます。

　さきほどお伝えしたように、写真は必須です。あなたが好きなものの写真を投稿しましょう。

　特に上記のような「キレイな風景」は写真映えするので、目にとまりやすくなります。ほかにも写真映えして「いいね！」やコメントが増えやすい内容は「ペット」「子ども（赤ちゃん）」の話題もおすすめです（ただし、くれぐれも個人情報の流出に注意しましょう）。

　文章は30文字ぐらいで、写真の補足説明をすれば十分です。さらに、私は冒頭に「☆の絵文字」をつけて目に止まりやすくしています。絵文字は適度にいれると親しみやすさもアップしますね。

　このような投稿に慣れてきたら、「あなた自身を少しずつ出す」投稿に変化させてみましょう。いきなり顔出しが難しいなら、後ろ姿や横顔や手元などでもかまいません。

「ビジネス」と「プライベート」の両面を見せて、期待感を高める

次に「ビジネスとプライベートの中間投稿」を深掘りしていきましょう。たとえば、以下のような内容があてはまります。

・「プライベートでしてきたことがビジネスにつながりました！」といったビジネスのキッカケ
・サービスを受けたあなた自身の体験談

第1章であなたの経験や悩んできたことを克服し、それがメニュー・商品になる、といったことをお伝えしました。まさにその「ストーリー」を投稿することで、見込み客が自然に惹きこまれて、あなたのファンへつながっていきます。

ほかにも、

・勉強してきた資格を取った
・お客さまと食事をした

といった「プライベート」と「ビジネス」の両面を伝える投稿で、あなたのサービスの価値をほのめかして期待感を上げていきましょう。

▼ビジネスに関連した資格をとった投稿例

踏ん切りをつけたうえで「ビジネス投稿」をしよう

　ここからはいよいよビジネスの投稿をはじめるわけですが、いきなりビジネスの投稿をするのはたいへん勇気がいることですよね。

　そこで、まずは「宣誓」の投稿をおすすめしています。「これから私はビジネスの投稿もしていきますよ」と伝えるのです。この宣誓をすれば、踏ん切りがつきますし、相手も「この方はこういうビジネスをしていくんだ」と認識できるので、この時点から気兼ねなくビジネスの投稿ができます。

　このことで、友達を削除されてしまうということもありえますし、「いいね！」やコメントは少なくなるかもしれません。ですが、1ヶ月プライベート投稿をしてあなたの人柄を伝えたうえで削除されたのだとしたら「そもそも見込み客ではなかった」可能性が高いです。

　「嫌われたくない……」と思う気持ちもよくわかりますが、「そのぶん、私

の見込み客を増やして悩んでいる方のサポートをしよう！」という気持ち
に切り替えましょう。

　具体的には以下のような宣誓の投稿をするといいでしょう。

【むくみに悩む35歳以上の女性のためのアロマサロンについてお届けし
ていきます】
　こんにちは。○○です。
　いつもFacebookの投稿を見ていただきありがとうございます！

　私はこれからFacebookで、
　プライベートな投稿を続けて皆さまと交流していくことはもちろん
　私のサロンについても投稿をしていきます。

　私はアロマがすごく大好きで、気が落ちこんだときに
　アロマの香りを少し嗅ぐだけで癒やされました。

　じつはアロマは香りの効能だけではなくて
　むくみや肩こりにも良いのです。
　ヨーロッパでは医療機関でも使われているところがあります。

　そのアロマをむくみやコリで悩む女性にお届けしたいと思っています！
　少しでもお役に立てる投稿にしていきたいと思いますので
　ぜひ応援いただけたらうれしいです＼(^o^)／

　お読みいただきありがとうございます！

　この宣誓後、日々のビジネス投稿はなにを投稿すればいいでしょうか？
節のはじめに「Facebook投稿では価値の教育が大切だ」と伝えました。間
接的にあなたのサービスの価値を伝える、ということでしたね。

売りこみだと思われずに、あなたのサービスの価値を伝える投稿は、以下が挙げられます。

- ・お客さまの声
- ・あなたの体験談
- ・サービスについて
- ・現在勉強をしていること
- ・地域ビジネスであれば、地域情報

　上から順番に優先度が高くなります。「お客さまの声」であれば、お客さまとの2ショット写真も一緒に投稿すると、より信頼性が高くなりおすすめです。

▼お客様の声の投稿例

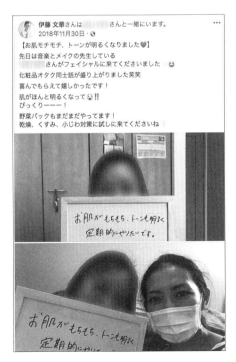

写真の魅力を最大限引き出す「加工」の極意

「写真を加工するのっていいの？」

と加工にためらいを感じる方もいらっしゃるでしょう。

たしかに加工のやりすぎはよくありません。ですが「閲覧している方があなたの投稿に目をとめる」ことが写真を投稿する目的です。そのために必要であれば、写真加工も検討するようにしましょう。

加工のときに大事なポイントを3つお伝えします。

●あくまで、"あなた"が撮影した写真が大事

「そもそも加工以前に、写真の撮影に自信がない」
「加工するくらいなら、プロが撮影した無料素材を使いたい」

と思う方もいるかもしれません。

しかし、「あなた自身」が「その場で」撮影した写真以外はあまりおすすめできません。節のはじめにもお伝えしたように、あなたのファンを作るために、あなた自身の人柄を伝えたいのです。プロが撮影した写真からは、あなたの人柄が伝わりません。

撮影に自信がなくても、いまのスマホは写真をとってもキレイに撮影できます。あとは、構図さえ気にすれば、それなりの写真が撮れます。プライベート投稿の期間中に、いろいろな角度から写真を撮って、たくさん練習してください。写真は撮れば撮るほどうまくなっていきます。

●明るさはおおげさなくらい強調する

写真は「明るさ」が決め手です。たとえば次の2つの写真を比べてみましょう。

▼写真の明るさで印象が変わる

　同じ写真ですが、パッと目を引くのは、右の写真ではないでしょうか？

　明るさを強調すると、躍動感や楽しい雰囲気も再現できます。「少しおおげさかな」と思うくらいに、明るさを強調してみましょう。

　写真（特に人物の写真）の明るさを調整するために、私が実際に使っているアプリは以下の2つです。

・BeautyPlus（女性向け）
・Piczoo（男性・女性向け）

「BeautyPlus」は女性に大人気の美肌アプリです。お客さまが写真撮影をためらっていても、このBeautyPlusで加工すると、たいていよろこんでくださいます。

　ただしBeautyPlusは男性には不向き。日焼けをしている男性も白くなってしまい、かなり不自然になってしまいます。そこで、Piczooで加工すれば自然に明るくできるのでおすすめです。

●コラージュ写真を作ったり、文字・スタンプを入れたりする

　コラージュ写真のように、複数の写真を1枚の画像にする。あるいは、写真に文字を入れる。このような加工は、1枚で情報をたくさん伝えることができるので、たいへんおすすめです。

また、あなた以外のヒトが映っている場合は、プライバシーを守るためにスタンプで顔を隠すなどの加工をするようにしましょう。

おすすめのアプリは以下の2つです。

・LINE Camera
・Pic Collage

▼ 1枚の画像でたくさんの情報を伝える

「友達がスマホを見る時間」「毎日同じ時間」に 投稿するのがベスト!

さて、これらの投稿はいつ、どんなタイミングで投稿すればいいでしょうか?

Facebookをプライベートで使うぶんには、いつどんな頻度で投稿してもかまいません。しかし、Facebookをビジネスで活用をするのであれば、テクニックが必要です。

●投稿時間

　せっかく投稿するなら、より見込み客が見てくれる時間帯に投稿したいですよね。あなたの見込み客がよく閲覧する時間に心あたりがなければ、以下のいずれかのタイミングで投稿しましょう。

　　・朝：6〜8時（←おすすめ！　朝に活動するヒトは信頼感を与えやすくなります）
　　・昼：12〜13時
　　・夕方：17〜20時

●投稿頻度

　投稿は、1日1回で十分です。ただし「毎日同じ時間帯」に投稿するよう、心がけてください。

　毎日同じ時間帯に投稿すれば、閲覧者はあなたが「コツコツ毎日同じ行動をするヒト」「一貫性のあるヒト」と考えます。そしてそれは「信頼」へと変わっていくのです。

2-6 お客さまを引き寄せる「集客商品の募集」

ポイントは「映画の告知」と同じ

　Facebookでのプライベート＆ビジネス投稿に慣れてきたら、いよいよダイレクトに告知していきましょう！具体的には1章で設計したあなたのフロントエンド（体験会や体験セッション、お茶会など、）をFacebookで告知していきます。

　告知から、申し込みの流れは以下のとおりです。

【Facebookで告知】→【ブログに誘導】→【ブログから申し込み】

　Facebookで直接申し込みをしてもらうわけではなく、ブログ記事に誘導するようにしましょう（ブログは第3章でくわしくお伝えします）。

　Facebookで告知する際に、必ず覚えてほしいのは、

「いきなり募集はしないで、しっかり予告をする」

　ということです。お客さまは、予告という準備があったうえで、興味を持ってくれたりお申し込みをしてくれたりします。たとえば、映画の宣伝を思い出してください。以下のような手順で予告をしていますよね？

　①1ヶ月以上前からCMで予告
　②試聴したお客さまの声をCMで宣伝
　③出演者がテレビ出演をして宣伝
　④映画公開！

このCMや宣伝などを見て「なんかよさそうだな」とどんどん感化されていくのです。もし予告なしに「映画が今日公開です！」と宣伝したら、よほど人気のある俳優さんが出演してないかぎりは、集客は相当難しくなるでしょう。

これは私たちのような個人でビジネスをしている方にも、バッチリあてはまります。

私のクライアントさんに「ためしにいきなり告知したらどうなのか調べたい」とおっしゃる方がいました。そこでFacebookに予告なしで告知の投稿をしていただいたら、体験会の参加希望者がゼロ名という結果になってしまいました。その後、しっかり予告をしたら体験会に10名も来てくれたそうです。

いかに、募集前の告知が大事か、わかりますね。

告知のスケジュールを立てよう

告知の重要性がわかったうえで、いつ告知の投稿をはじめればいいのでしょうか？

告知投稿は1週間毎日続けます。そこで、まずは「あなたのサービスを提供する日」を決めましょう。そこから逆算して予定を立てていきます。

あなたのサービスが物販系の場合は「販売日」を決めます。決めた販売日のキッカリ1週間前から告知をはじめても問題ありません。

一方、セッションやお茶会、講座などのような、お客さまとの予定をあわせないといけないサービスは要注意。募集を締めきったあとから、開催日時が確定するまで、お客さまとのやりとりが発生します。その場合は、以下のようにスケジュールを立てると問題ないでしょう。

・募集を締め切ったあとから、現時点で予定している開催日まで、おお

よそ2〜3週間空ける

・その募集を開始する1週間前から、告知をはじめる

　告知〜サービス提供までのスケジュールは、おおよそ決まったでしょうか？

　告知投稿は下図のとおり毎日投稿します。くわしくは次項で説明するので全体の流れを理解して、あらかじめ計画を立てましょう。

▼「新規のお客さまを集める」Facebook 1週間投稿

日程	投稿例	注意点など
①前フリ投稿	「こんな○○なお悩みありますか?」	Facebookの友達の反応を見てリサーチ いいね!やコメントくれた方へ 直接メッセージしてみる
②〜④ 自分の体験・ お客さまの体験	「じつは私これに出会ってこんな風に変われたんです」 「もしこれに出会わなかったら……」 「私が○○なのは、じつはこれのおかげなのです」	自分やお客さまの体験談を伝えて自分ゴトにしてもらう お客さまのビフォーアフター
⑤明日への予告	「明日○時に募集します」	時間までしっかり記載する どんな内容なのかはブログ記事に誘導する
⑥募集開始	「募集開始!残り3名さまのみ、○月○日まで」	何名募集するか、いつまで募集するかを明記 どんな内容なのかはブログ記事に誘導
⑦状況告知	残り2名さま!	残りの枠を伝える
⑧募集締め切り	満員御礼!	満員御礼で次回への期待を高める

1日目：関心をひく疑問を投げかける

　1日目は「前フリ」の投稿です。このような問いかけを投稿しましょう。

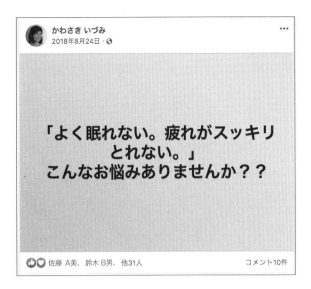

これで、「なにかがはじまるのかな？」という期待感を持たせます。また、ヒトは「質問に答えたくなる！」という心理がありますので、コメントしなくても、かなり興味を抱いてくれるでしょう。

この前フリのポイントは、直接的な「募集に関する質問ではない」ことです。

「○○体験セッションをしようと思っているのですが、興味はありますか？」

これはダメな投稿の典型例です。売りこみとしか受けとれない投稿になっていますね。

そうではなくて「あなたの体験セッションに来てほしいお客さま」のお悩みワードを使って投げかけするのです。もし、あなたが苦しい恋愛に悩む恋愛のコーチであれば、

> 苦しい恋愛、幸せな恋愛……
> あなたならどっちを選びますか？　ぜひコメントください (*^^*)

といったような投稿です。このように２択になっていると、さらに答えやすくなるでしょう。この投稿にコメントしてくれたり、「いいね！」などのリアクションをしてくれたりするヒトは「見込み客」にかなり近いです。

２日目：あなたやお客さまの体験で、信頼性の高い解決方法を提示

１日目の前フリをふまえて、２日目はあなた自身やお客さまの「お悩みの解決エピソード」を投稿します。

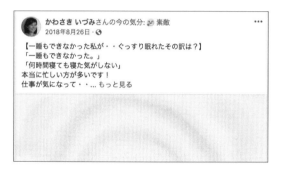

あなた自身の経験は「あなたのビジネスが悩みに効果がある」という証拠の１つ。ただ、あなただけの経験だけですと、「ホントかな？」と疑問を抱いてしまうので、お客さまのエピソードも大事です。

さきほどお伝えした「映画の告知」でも視聴した「お客さまの声」を宣伝していましたね。「お客さまの声」は第三者話法という「ヒトは第三者が言うことを信じる」心理効果があります。

「１日目に投稿したお悩みを、あなたのサービスでどう解決できるのか」

「あなた自身の経験」「お客さまの声」を織り交ぜて、信頼性のあるエピソードを投稿しましょう。

３日目：メニューの内容や誕生秘話などを くわしくお伝えする

　３日目は具体的なサービスの内容をくわしくお伝えます。

　あなたは、どんな想いでそのメニューを提供しているのでしょうか？
また、開発までの秘話や裏話などはあるでしょうか？

　これらを投稿し、メニューへの興味をさらに促していきます。
　このような詳細を語ると長文になってしまいますが、Facebook では長い
文章はできるかぎり避けたいところです。くわしい内容はブログの記事へ
投稿し、そちらに誘導しましょう。

４日目：お客さまに体験談を投稿してもらい、 信頼度をさらにアップさせる

　４日目では、あなたのサービスを受けてくれたお客さまに Facebook で投
稿をしてもらいます。

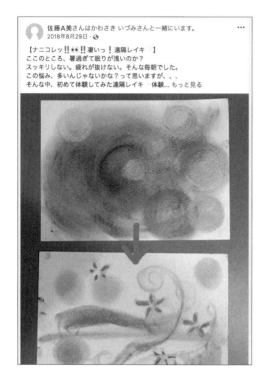

　2日目にお客さまの体験談を投稿しましたが、やはりお客さまご自身が投稿する「生の声」は信用度が段違いです。

　このようにお客さまご自身に投稿してもらうときには、以下2点もお願いするようにしましょう。

・タグ付けをしてもらう（友達になっていることが前提。くわしくはコラムでご説明します）
・2ショットの写真を使ってもらう

　さきほどの図の上部に「○○さんは△△さんと一緒にいます」と表示されていますね。これが「タグ付け」されている状態です。タグ付けされた投稿は、おたがいのニュースフィードで見ることができるので、投稿の拡散につながります（くわしくは121ページ参照）。

もしお客さま自身で投稿いただくことが難しければ、かわりに「お客さまの声をもらいました」という内容で、あなた自身で投稿しましょう（もちろん、お客さまの了承を得てください）。

5日目〜6日目の朝：「申し込みしやすい」募集日時を告知する

　募集する前日、あるいは当日の朝に「募集日時」を告知しましょう。

　「募集日時」は20時か21時くらいがおすすめです。
　なぜなら、たいていの方は朝バタバタしていますし、昼もお昼休みしかない方にとっては貴重な時間です。そんな中募集をかけても、投稿に目は通すかもしれませんが、申し込みまではなかなかできません。
　そこで、家事や仕事がひと段落する20〜21時で募集開始することを私はおすすめしています。

6日目：募集で見込み客の「先延ばし」を防止

　それでは、募集をはじめていきましょう！

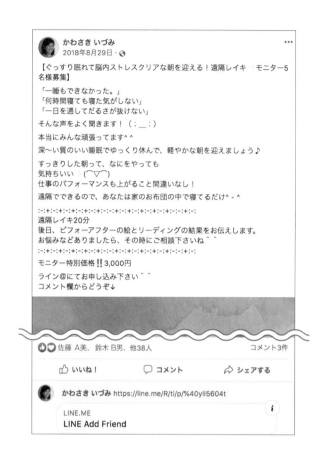

募集投稿のポイントは次の２つです。

●限定感を出す

人数や募集期間を制限して、「限定感」を出すようにしましょう。

人数はおおよそ３〜５名くらい。個人ビジネスで、10〜20名は現実的ではありません。３〜５名なら、集客ができるイメージがわきますね。

そして「限定している」ことはパッと目に入るように投稿しましょう。もともとこのサービスに興味を持っていた方は「少人数だから早く申し込みをしなくてはいけない！」という焦りが出てきます。

これは「煽り」ではないか？　と思うかもしれません。ですが、こうし

た限定性をつけることは、じつはお客さまのためでもあります。

　もしかしたら、だれかがあなたのサービスで解決できる悩みを持っていて、ここまでの告知投稿に興味をもっているかもしれません。しかしヒトはついつい「いつか受けよう」「いまじゃなくていいか」と先延ばししてしまうもの。そこで、限定性があれば、先延ばしのヒトの背中を押してあげることができるのです。

「お客さまの背中を押し、解決の手助けをする」という心がまえで、しっかり限定性をつけて告知しましょう。

●ブログへ誘導する

「どこから申し込みをするのか」ははっきりしておかないと、閲覧している方が迷ってしまいますね。そこで、この節のはじめでお伝えした「告知から申し込みの流れ」を思い出しましょう。

【Facebook で告知】→【ブログに誘導】→【ブログから申し込み】

　この「ブログへの誘導」がとても大切になります。

　投稿で「くわしくはこちらをご覧ください」という1文を添えて、ブログに誘導し、そのブログの「お申し込みフォーム」でお申し込みをしていただくのです。

　このように、ビジネス側がしっかりと「導線」を作ってあげることが重要です。

　ちなみに、ブログなどのリンクは、できればコメント欄に貼りつけることをおすすめします。Facebook は投稿中に、外部のリンクがあることを好みません（外部リンクを貼ると「Facebook からの離脱を促している」とみなされるため）。そうすると、友達のニュースフィードに載りづらくなってしまうのです。

7日目：募集状況の告知で、見込み客の背中をさらに押す

6日目の募集をして投稿は終わりではありません！「告知したあと」の投稿もとても重要です。

6日目で「すぐ申し込もう！」とする方もいますが、もちろん申し込みを検討中だったりためらったりしている方もいらっしゃるでしょう。そこで、現在の募集状況を伝えることで、

「いま申し込まないと損するかも！」

と思ってもらえる投稿をします。上記の投稿のように、残りの募集人数や募集期間、といった限定性をつけてお知らせしましょう。また、コメント欄でホームページやブログに誘導することもお忘れなく。

7日目以降：募集を締め切って、次回につなげる

告知しっぱなしではなく、募集が終わったことを伝えることも重要です。

このように「満員御礼」「募集締め切り」という投稿をすることで、募集を見逃したヒトが「次回はいつなんだろうか？」という気持ちになります。

今回申し込みをしなかった方に向けた、次回の告知につなぐ投稿になるのです。

ここまで、1週間投稿のイメージはついたでしょうか？

あらかじめこの型を作っておくと、投稿がものすごくラクになっていきます。

ただ、この1週間投稿をマスターすることも大事なのですが、ホントに大事なのは前節でお話した「毎日の投稿」です。日々の投稿の積み重ねのうえに、この1週間投稿があると、見込み客のココロを動かし、申し込みへとつながりやすくなります。

Column

たくさんの方に投稿を見てもらえる「タグ付け」

この章の最後に、Facebookの機能の1つ「タグ付け」をマスターしましょう。

タグ付けとは、投稿や写真に登場するヒトの「名前（タグ）」を付けておくことです。そうすると、タグをタップできるようになり、その方のくわしいプロフィールが表示されます。

　さらに、たとえばあなたが、Ａさんのタグを付けて投稿すると、必ずＡさんに通知が届きます。また設定にもよりますが、Ａさんのタイムラインにも投稿が表示されるでしょう。

　つまり、あなたがタグ付けをしたり、あるいは相手にタグ付けされたりすることで、より多くの方に投稿を見てもらうことができるようになるのです。

　タグ付けの方法は３つあります。

●投稿にタグ付け

　左図の投稿画面に「友達をタグ付け」という項目があります。この項目をタップすると、右図のようにタグの候補が出てきます。あるいは、検索窓で探しましょう。

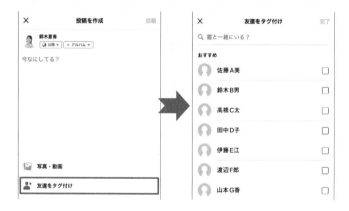

●投稿の文中にタグ付け

　投稿の文中にタグ付けすることもできます。

　左図のように「＠（アットマーク）」を入力します。そのあと頭文字（たとえば、鈴木さんをタグ付けする場合は「s」）を入力するだけで候補が出てきます。

　実際に投稿をすると名前がブルーの網掛けになり、タップをするとその方

のプロフィールに飛べるようになります。

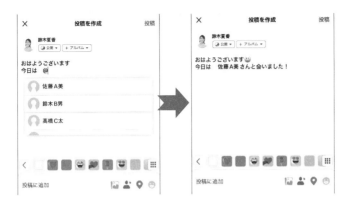

●写真にタグ付け

写真に映っている方のタグをつけることもできます。以下の手順でタグ付けしましょう。

①投稿で選択した写真をタップ
②上メニューから「ヒトにタグがついている」アイコンをタップ

③タグ付けしたいヒトの顔をタップ
④候補の中から名前をタップ（いなければ名前を入力して探します）

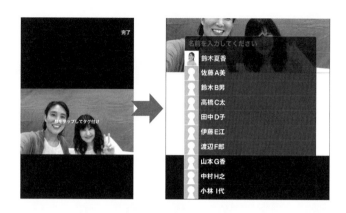

　これでタグ付けができるようになりました！

　しかし、相手の了承なしに勝手にタグ付けするのは、あまり良しとしない文化がFacebookにはあります。あなたも知らないうちにタグ付けされて、相手のタイムラインにあなたに関する投稿や写真が流れたら、あまりよい気持ちはしないでしょう。

　あなたがだれかをタグ付けしたいときには、必ず投稿前に「タグ付けしても大丈夫でしょうか？」と了承を得ましょう。そうすればトラブルは避けられます。

第 **3** 章

ビジネスの信頼性を
格段にアップさせる
「ブログ集客」

3-1 ブログ×Facebookで信頼向上を図ろう!

■ ブログはなんのために使うの?

　前章では見込み客からの信頼を高めるためのFacebook機能や投稿などをお伝えしました。しかし、実際にビジネスとして成り立たせるためには、Facebookを使うだけではお申し込みは入りません。

　なぜ、Facebookだけではダメなのでしょうか？　その答えを説明していきましょう。

● Facebookで広めて、ブログでより信頼性を高める

　Facebookだけでは、見込み客が申し込み・問い合わせするための情報が足りません。

　たとえば、見込み客がいくらあなたのFacebookに書いている内容に興味をもっても、ビジネスのコンセプト、事業内容、実績、住所などがないと「ホントにビジネスしているのか」不安になってしまうでしょう。しかし、それをお伝えしたくても、Facebookでは文字数が制限されているため限られた情報しか掲載できません。

　そこで、ブログやホームページにくわしい情報を載せて、Facebookからそちらに誘導するのです。たとえるなら、テレビCMの最後につく「くわしくはネットで検索を」という告知のようなもの。そうすることで、見込み客は「ちゃんとビジネスしているんだな」と安心して申し込みできますし、よりくわしい情報を知り、より深くあなたのサービスを理解することができます。

● Facebook で取りこぼすお客さまをつかまえる

あなたが Facebook にいくら一生懸命投稿しても、Google や Yahoo! といった検索エンジンから投稿が検索されることはほとんどありません（個人名はヒットできますが、投稿内容までは検索しても出てきません）。

しかし、ブログやホームページは違います。検索したキーワードに関連していれば投稿はヒットします。すなわち、ホームページやブログがあるだけで、あなたの見込み客が目に触れる機会が増える、ということです。

特にあなたがココロを扱うカウンセリング系のサービスを提供するなら、なおさらブログは重要です。お客さまの立場になって考えてみれば、恋愛や身体のコンプレックス系のカウンセリングに「興味があること」をほかのヒトにあまり知られたくないでしょう。Facebook は実名登録の方が多いので、気軽に投稿に「いいね！」やコメントしづらいですし、お友達になることも少ないのです。

一方ブログは、Facebook のように登録しなくても、こっそりネットで検索して見ることができます。検索結果にあなたのブログがパッと出てくれば、クリックしてくれる確率がグッと上がるでしょう。

このように、インターネット上でビジネスをするのであれば、必ずブログやホームページなどの「ページ」が必要です。かといって、ブログの記事を1つ書いても、検索結果の上位に表示させるのは至難の業。ブログだけだと「拡散力」が弱いので、集客までに時間がかかってしまいます。

Facebook の「拡散力」とブログの「信頼力」

この2つを連動させることで、ネットビジネス初心者でもスムーズにお申し込みが入る確率が高まるのです。

	Facebook 単独	ブログ単独
拡散力	◎	△
信頼力	△	◎

信頼力を高める「ブログ運用」の心がまえ

「Facebook と同じような投稿をすればいいの？」と思う方もいらっしゃるかもしれませんが、そんなことはありません。ブログの発信のポイントは、ずばり！

「Facebook よりもビジネス調でしっかり伝える内容にする」

ということです。なぜなら、ブログは記事そのものが「資産」。1記事1記事、投稿を積みあげていくことで、より検索エンジンの目立つ位置に表示されます。そして、たくさんの見込み客の目に触れて、いずれお申し込みにいたります。つまり、「あなた自身をよく知らないヒト」も検索エンジンからアクセスしてくるのです。

そこでもしあなたがお友だちと話すような雰囲気でブログを書いていたら「あなた自身をよく知らないヒト」はどう感じるでしょうか？

リアルでビジネスするうえでも、初対面なのにもかかわらず、いきなりタメ口で相手から会話をされたらよい気分はしませんよね。「このヒトは信頼できない」と感じるはずです。それはブログでも同じ。よって「ビジネスの場で初対面の方と話す」イメージで、ブログ1記事の中で閲覧者にしっかり情報を伝えてください。

一方、Facebook は「友達の数」が資産になります。投稿自体は Googleや Yahoo! の検索結果に出ませんし、あくまでタイムラインでたまたま見つけたヒトが見ます。ただし「友達の数」は多ければ多いほど投稿が拡散されるので、友だちの数そのものが「資産」になるのです。よって、Facebook

では「友達」に受け入れられやすいように、言葉づかいはラフなほうが好まれます。

	Facebook	ブログ
発信	双方向	一方的
投稿	短い&フランク	長い&ビジネス色
資産	友達	記事

3-2 まずはブログを「1年」確実に運用するために

はじめは「賃貸」でも、ゆくゆくは「持ち家」にしよう

前節でブログ・ホームページの重要性や Facebook との違いは、おわかりいただけましたでしょうか。

しかし、これらを作成するにしても、自分で作ったり、業者に頼んだり、無料ブログサービスを使ったり……。たくさん方法がありますね。「どのサービスで作成すべきなのか？」下の表を参照してください。

	業者作成の ホームページ	自作ホームページ	ブログ（アメブロ・ はてなブログなど）	ブログ型ホームページ （ワードプレスなど）
コスト	✕ 高額	◯ 低額（サーバーと ドメイン料金くらい）	◯ 無料でできるところ がほとんど	△ 自分でやればかからない が業者に頼むとかかる
初期設定 の手間	◯ 業者に一任できる	✕ サーバーの設定から全て 自分で。知識必須	◯ 知識がなくても ある程度できる	△ ゼロからはつくらないが、 ある程度の知識必要
デザイン性	◯ プロのWebデザイナー	◯ 手づくりっぽさ	△ テンプレートによる	◯ 業者に頼むことで良い デザインになる
更新の手間	✕ 業者にいちいち言わ ないといけない	△ 自分で都度更新可能 だが知識必須	◯ 自分で都度更新可能 操作もかんたん	◯ 自分で都度更新可能 操作も比較的かんたん
SEO（検索 サイト対策）	◯ 費用をかければできる	✕ 知識がないとできない	◯ ブログが一定のSEOを 自動的に行ってくれる	◯ ブログが一定のSEOを 自動的に行ってくれる
コンテンツ	◯ 費用をかければできる	✕ 知識がないとできない	◯ ブログでかんたんに コンテンツを量産	◯ ブログでかんたんに コンテンツを量産
スマホで操作	△ 制限がかけられて いる事が多い	✕ スマホではほとんどできない	◯ スマホ操作がかんたん！	△ ブログだけスマホ 操作ができる
その他	HPサポート代金が必要 な場合が多く、入ってい たほうが不具合があった 場合に対応してくれる	不具合があった場合に、 知識がないため対処が できないことが多い	サービス停止になったら 何も対処ができない アカウント停止されても 文句は言えない	HPサポート代金が必要な 場合が多く、入っていたほう が不具合があった場合に対 応してくれる 自作の場合はそれがないの で不具合があった場合に対 処できないリスクがある

ビジネスとしてブログ・ホームページを持つのであれば、この4つから選ぶことをおすすめします。

「え？　無料のブログサービスで十分じゃないの？」

　と思うかもしれません。たしかにビジネスの初期段階では無料のブログサービスを使えば、取り組みやすいですね。しかし、しっかりビジネスとして運用していくなら「あなただけのページ」を持たなくてはなりません。
　これは、「賃貸」と「持ち家」にたとえることができます。

●大家さんのもとで運用する「賃貸」のページ

　　・無料のブログサービス（アメブロ、はてなブログなど）
　　・無料で作った自作のホームページ（Wix、JIMDOなど）
　　・SNS（Facebook、Instagram、Twitterなど）

　これらは、大家さんのようなサービスを提供している企業がいて、そこから間借りしている「賃貸」のようなものです。
　賃貸は、知識が少なくてもかんたんにはじめられますし、無料でできる、というメリットがあります。しかし、もしあなたが大家さんを怒らせるようなことをしたら、すぐ追い出されてしまいます。この利用規約の違反ははっきりしないことが多いうえに、予告なしにあなたのブログが削除されたり、アカウントが削除されたりします。しかも、それにいっさい文句は言えません。

●自分で管理する「持ち家」のページ
　持ち家というのは、あなた自身で管理をしていく、という意味です（あるいは、専門業者におまかせする方法もあります）。

・コストをかけた業者作成のホームページ
・自作のホームページ（無料のホームページではなく、ドメインやサーバー契約をしたもの）
・ブログ型ホームページ（WordPress）

　これらの持ち家は、なくなる心配がほとんどありません。ただ、この家を手に入れたり運用したりするには、ある程度の知識が必要です。知識がなければ、業者に運用をまかせましょう。

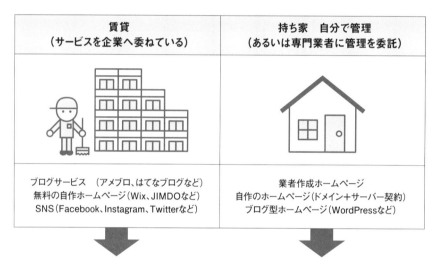

賃貸 （サービスを企業へ委ねている）	持ち家　自分で管理 （あるいは専門業者に管理を委託）
ブログサービス　（アメブロ、はてなブログなど） 無料の自作ホームページ（Wix、JIMDOなど） SNS（Facebook、Instagram、Twitterなど）	業者作成ホームページ 自作のホームページ（ドメイン＋サーバー契約） ブログ型ホームページ（WordPressなど）
企業がサービスをストップしたり、 方向転換したらそれに従わないといけない アカウントバンされる可能性もある	自分で管理をしているので、 ホームページがなくなることはほぼない

　この賃貸と持ち家にはそれぞれメリット・デメリットがあります。
　この本では「これからページはじめて持つ」方に向けて、おもに無料ブログサービスをご説明しますが、ゆくゆくは大家さんの都合でなくなったりしない「あなただけのページ」を持つようにしましょう。

アメーバ、はてな、ライブドア……ブログを作るなら？

　無料ブログサービスを提供している会社はたくさんあります。はじめて使う無料ブログ、いったいどこのサービスがいいのでしょう？

　では、特に有名な4つのブログサービス比較をしましょう。筆者が使った所感なので、絶対の指標ではありませんが、参考にしてください（2020年1月現在の情報）。

	アメーバ ブログ	ライブドア ブログ	はてなブログ	FC2
使いやすさ	◎ 超初心者でも 使いやすい	◎ 超初心者でも 使いやすい	◎ 超初心者でも 使いやすい	◎ 超初心者でも 使いやすい
スマホアプリ	あり	あり	あり	あり
デザイン	豊富	豊富	シンプル	豊富
認知度	◎	○	△	△
SEO	△	△	○	△
コミュニティ 機能	○	△	○	△
ビジネス宣伝	○	○	○	○
費用	有料にすると広告 が非表示	すべて無料 審査を通れば広告 非表示になる	有料にすると広告 が非表示 独自ドメインが取得 できる	有料にすると広告 が非表示 独自ドメインが取得 できる
ユーザー数	6500万人	500万人	786万人	2400万人
その他 （筆者の所感）	初心者でも取り組みやすくコミュニティ機能が豊富	ブログ一本で稼ぐ人には向いている	ブログ一本で稼ぐ人には向いている	アダルトブログとして有名なため、無料でやるとドメインが似てしまうので誤解を受けやすい

どのブログサービスにもそこまでの優劣はありません。どれもスマホから投稿ができますし、豊富なデザインがそろっていて、年々使いやすくなっています。

それでも、次の２つの理由で、私はクライアントさんに「アメブロ（アメーバブログの略称）」をおすすめしています。

●操作や運用に困ってもすぐに解決できる

理由の１つは、アメブロが「ブログ自体がはじめて」「操作自体が苦手……」という方でも安心して使えるから。

アメブロはほとんどの方に知られている無料ブログで、ユーザー数も圧倒的に多いです。Googleで「アメブロ　使い方」と検索すれば、わかりやすく使い方を教えてくれるブログやホームページはたくさんヒットしますし、操作ガイドブックもたくさん売られています。「ブログなんてよくわからない！」と行き詰まることも少ないでしょう。

ちなみに、あなたが知っている著名な方もアメブロで発信している可能性がかなり高いです。著名人もお仕事として発信しているので、あなたのブログのお手本になるでしょう。ぜひ探してみてください。

●コミュニティ機能を十分活かせる

アメブロはたくさんのヒトに知られていますし、会員数もとても多いです。つまり、それだけあなたの見込み客がアメブロにいる可能性が高いということです。

また、アメブロは見込み客になりそうな方へ効率的にアプローチができる以下のような「コミュニティ機能」が充実しています。

・ユーザー同士がお互い読者になる機能
・記事に「いいね！」やコメントする機能
・ほかのユーザーのブログ記事を、自分のブログ記事に貼りつけて投稿できるリブログ機能（相手にお知らせが届く）

このコミュニティ機能は「アメブロ特有の文化」があるからこそ、とても効果的に働きます。

ほかのブログはなかなか「いいね！」やコメントがつきにくく「ホントに読まれているのだろうか？」と感じますが、アメブロはコミュニティ機能が昔から充実していたので、SNSに近い感覚で使えます。「いいね！」やコメント、フォローをしてもらうことで、「読まれている」と感じ、ブログを続ける原動力になります。

これらの理由からアメブロをおすすめしています。

本書ではこのアメブロを中心に、ブログサービスの利用方法、投稿の方法などをお伝えしていきます。

検索の上位に表示されるまでの 「1年計画」を立てよう！

総合的に判断すると、アメブロからはじめるといいとお伝えましたが、アメブロをどのように使っていけばいいのでしょうか？

あなたのブログは、検索エンジンの上のほうに表示されるよう対策（SEO）をしても、1年くらい経たないと効果はあらわれない、といわれています。

お金を払ってSEOのプロにお願いすれば3ヶ月程度で表示される、なんてこともありますが、無料ブログではそれもむずかしいでしょう。そこで、基本的には、

「Facebookでブログを拡散させながら、コツコツとブログ記事を投稿してSEOをしていく」

ということがコストをかけずにうまくいくコツです。1年がんばってコツコツ続けてくるとSEOの効果が現れてきます。この1年間の運用計画は

下の図のとおりです。

	運用前	1ヶ月目	2ヶ月目以降	半年～1年後
無料ブログ	ステップ1：アメブロ設定（アプリ）			
	ステップ1：ブログタイトル＆ブログ説明文			
	ステップ1：プロフィール写真・カバー写真			
	ステップ1：プロフィールページ			
	ステップ1：メニューページ			
		ステップ2：ブログ投稿 1日1記事	ステップ3：ブログ投稿 1週間1投稿	
		ステップ2：フォロワーを増やす 1日10件		
				ブログのカスタマイズ
ブログ型ホームページ				無料ブログで集客が定期的になったら併用OR移行

　ステップ2の「ブログ記事投稿」は、操作に慣れていないうちは短い記事でもかまいません。ただし、毎日投稿をしていきましょう。投稿自体がブログの更新につながるので、SEO対策にもなります。2ヶ月目以降も最低限「1週間に1投稿」は必須とこころえましょう。

　ちなみに、1年以降も「1週間に1投稿」は続けたほうがいいです。たとえば、最近投稿したブログ記事が1年前、だったとしたらいかがでしょう

か？ 「このヒトはビジネス活動をしているのだろうか？」と閲覧者が不安になってしまいますね。不安を感じるヒトにお金を払ってまでサービスを受けようとは思いません。

　見込み客に「ビジネス活動をちゃんと続けていますよ！」と伝えるためにも、ブログは定期的に更新しましょう。

3-3 あなたのビジネスを しっかり伝える 「設定」

「アメーバID」はサービス名・屋号に近いモノにする

　それではさっそく、スマホにアメブロのアプリをインストールして新規登録をしてみましょう！

　iPhone は「App Store」、Android は「Google Play」で「アメブロ」と検索しインストールしてください。インストール後は新規登録をしていきましょう。下図のように「Ameba 新規登録（無料）」をタップするとメール、アメーバ ID、パスワード、生年月日、性別を入れる欄があります。

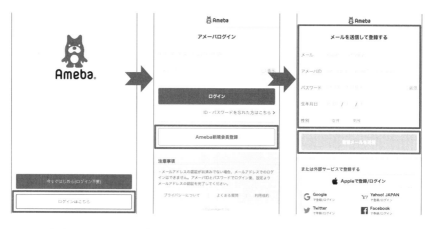

　このときのポイントは「アメーバ ID」。登録したアメーバ ID は以下のように、ブログ URL の一部になるのです。

https://ameblo.jp/（アメーバ ID）/

　ブログの URL は、Facebook で告知したり、名刺やチラシに載せたりすることがあるでしょう。たとえば、次の 2 つを見比べたとき、どちらがちゃ

んとお仕事をしているブログに見えるでしょうか？

　https://ameblo.jp/12 ○○ 345

　https://ameblo.jp/aromasalon- ○○

　後者のほうが、ビジネスブログとしての信頼度は高くなります。サービスや屋号と近い ID をつけて、しっかりとビジネスをしていることを伝えましょう。

　入力後、「登録メールを送信」をタップすると、あなたのメールアドレスに Ameba からメールが届きます。メール文中の URL をクリックすれば、登録完了となります。

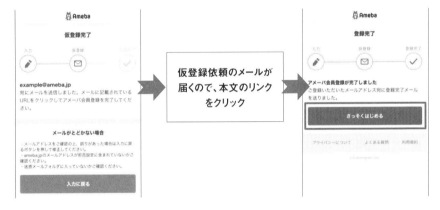

信頼度を高める「設定」の 2 つの原則

　ブログと聞くと、どうしても「日記」というプライベートなイメージを抱く方もいます。

　しかし、3-1 節でお伝えしたように、ブログはビジネスとしての信頼度を高めるために使うのです。あなたの見込み客がFacebook でせっかくあなたのビジネスに興味を持って、ブログを訪問したのにもかかわらず、いかにもプライベートなブログだと、先を読んでくれません。

　そこで、まず、しっかりビジネスとしてのブログだと思っていただける

ような設定が必要です。設定のポイントは2つです。

●広告をなくす

スマホからだとアメブロは下図のように見えます。

▼スマホからみたときのアメブロ画面（左画像：広告なし、右画像：広告あり）

　無料でアメブロを運用すると広告が載ります。しかし、広告があると、読者は広告をクリックしてしまう可能性があります。月額1000円程度で広告をなくせるので、ぜひ広告なしで運用しましょう。

●ブログトップの「タイトルと説明文」でビジネスと伝える

　さきほどの図の中でも、ブログの目立つ位置（トップ）に出てくる「ブログのタイトル」と「説明文」は重要です。特にブログタイトルはブログ外でも Google や Yahoo! で検索したときに表示されます。

>──タイトル

練馬・たるみと肩こり専門のアロマエステサロン
ーグリーンビューティー

たるみ解消&リフトアップのアロマエ
ステ@鈴木夏香さんのブログです。最
近の記事は「現在サロン営業休止中で
す。」です。

　検索したときに「自分の悩みを解決しそう！」というイメージがわかなければ、ユーザーはサイトを開いてはくれないでしょう。よって、「このサービスおもしろそうだなあ」「一度受けてみたい！」と思っていただけるブログタイトルにしなければなりません。

　くわしい作成方法は次項以降で解説しますので、まずブログ内外で「タイトルと説明文」が大事であることをおさえておいてください。

「ブログタイトル」は
検索の上位に表示されるキーワードを入れよう

　さきほどお伝えしたように、ブログのタイトルはとても重要です。また「検索結果の上位に表示されるかどうか」にもつながります。

　そこで、タイトル決めの3つのポイントをおさえましょう。

●文字数は全角 30 文字までにおさえる

　アメブロのタイトルの文字数は「全角 64 文字（半角 128 文字)」までですが、閲覧する方がパッと見て覚えられるくらいの文字数にしましょう。目安は全角で 30 文字までがおすすめです。

　見込み客がブログタイトルを覚えていなくても「またあのブログを見たい！」となったときに、検索履歴からアクセスしたり、ブックマークをつ

けたりして、アクセスできる方法はあります。とはいえ、スマホやパソコンを買い換える、操作を誤って履歴を消してしまうことはゼロではないでしょう。また訪れてもらうためにも、タイトルは覚えやすくすることにこしたことはありません。

●見込み客が検索しそうで競合が少ない「地域名」を入れる

あなたのビジネスが地域に関連するなら、必ずタイトルに入れなくてはいけないのは「地域名」と「サービス名」です。

「地域名」は「実際に見込み客が検索する地域」かつ「なるべく検索したときに上位に表示される地域」にしましょう。たとえば、東京中野区にあるエステサロンだとしたら、「東京　エステサロン」だとあまりにも範囲も広くてたくさん競合がいるので、上位に表示するのは難しそうですね。そこで、「中野　エステサロン」「中野駅　エステサロン」のように、上位表示を狙える地域にします。

ほかにも「お悩み」「得たい結果」のキーワードを入れると、閲覧者に自分ゴトだと思ってもらえるタイトルになります。

> 中野駅徒歩5分の30代からのアロマエステサロン○○
> 中野区の不登校専門のカウンセリング
> 中野の資格も取れるフラワーアレンジメント教室○○

●見込み客が検索する「ターゲット」「お悩み」「得たい結果」を入れる

地域に関係ないサービスは、「サービス名」を入れたうえで、見込み客が検索エンジンで検索しそうなキーワードを入れましょう。

具体的には「ターゲット」「お悩み」「得たい結果」のキーワードがおすすめです。

> かわいい大人向けピアス＆ネックレス専門店○○
> 初心者や主婦がスキマ時間で楽しくかせげる♪ポイ活メソッド

ブログタイトルとセットで「説明文」を考えよう

ブログタイトルと同じように、説明文も重要ですね。2つポイントをおさえましょう。

●文字数は 75 文字以内におさめる

文字数は「全角 128 文字（半角 256 文字）」以内です。

ただし、アメブロでは説明文がヘッダーに表示されるので、あまりにも長いと読みづらくなってしまいます。目安は全角 75 文字以内がいいでしょう。

●「お悩みワード」や「知っておきたい情報」を追加する

75 文字以内で、ブログのタイトル文を補足する内容を入れていきます。

タイトルで使ったワードをくり返し使っても問題ありませんし、見込み客が検索するであろう「お悩みワード」や、見込み客が「知りたい！」という情報を入れておくことをおすすめします。

特に地域ビジネスの場合は、

・駐車場があるかどうか？
・営業時間、最寄りの駅から徒歩何分か？
・予約制なのか？

などは見込み客が知っておきたい情報ですね。積極的に入れるようにしましょう。

2つのポイントをふまえると、たとえば次のような説明文になります（【　】内はブログタイトルです）。

> 【中野の 40 代以上の女性の小顔美肌専門エステサロン】
>
> 　中野新町駅から徒歩 5 分。駐車場完備。女性の生理不順、更年期、たるみなどのお悩みを解決。完全予約制。最終受付 19 時なのでお仕事帰りも通えます

　地域ビジネスではない場合は、ブログタイトルを補足して「どんなサービスなのか？」をよりわかりやすく説明します。

> 【中学生不登校専門スピリチュアルカウンセリング】
>
> 　不登校のご相談は初回無料。お子さまの不登校の原因を明らかにし根本解決。不登校解決率は 90％。受付は夜 10 時まで。オンラインで受けられます

　ここまでで、ブログのタイトルと説明文を決められたと思います。

　さっそくブログに設定してみましょう！　アメブロのアプリを開き、右下の「ブログ管理」→「設定・管理」→「ブログ設定」をタップすると、ブログタイトルとブログ説明の入力欄が表示されます。

　入力後に緑色の「保存」ボタンをタップすれば設定完了です。

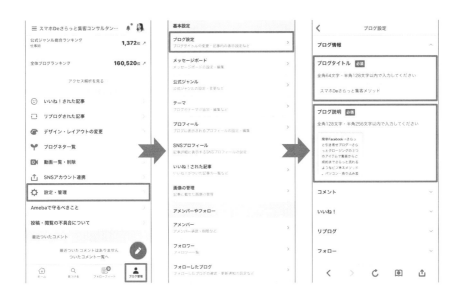

Chapter 3

ビジネスの信頼性を格段にアップさせる「ブログ集客」

3-4 あなたの情報を伝えて、見込み客の信頼を勝ちとる

プロフィールは「あなたのビジネスを選ぶ」決め手になる

　あなたのお客さまは、あなたのビジネスをどういう理由で選ぶのでしょうか？

　私のクライアントさんのうち99％の方は、あなたと同じように個人でビジネスをしています。そのクライアントさんがお客さまに「なぜ、当サービスを受けていただいたのか？」とヒアリングすると、80％以上の方が、

「大手ではなく、個人でやっているから」

　と答えるそうです。つまり、中堅や大手では満足できないサービスを私たちに求めている、ということです。そういうお客さまは当然、

「どんなヒトがサービスを提供しているんだろう？」

　ということをとても気にするので、サービス内容のページはもちろん、プロフィールページもしっかり閲覧します。そのため「プロフィール」は読むだけで「このヒトは信頼できる」「サービスを受けてみたいな」と感じていただける内容を目指しましょう。

プロフィールページで登録できる情報を確認しよう

　プロフィールを作成する前に、まず「プロフィールページでは、なにを設定できて、どう閲覧されるのか」を確認してみましょう。ブログトップのアイコンをタップすると、プロフィールページに飛びます。

▼プロフィールページ

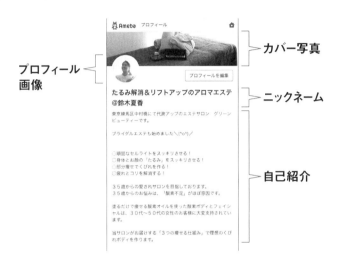

カバー写真

プロフィール
画像

ニックネーム

自己紹介

フリースペース
タイトル

フリースペース

　プロフィールページでスクロールしていくと、次の要素が順に含まれて
います。

●プロフィール画像、カバー写真

Facebookの章でも解説したように、プロフィールの写真とカバー写真は特に大事です。

プロフィール写真もカバー写真もFacebookと同じ、あるいはそれに近い写真でかまいません。むしろあまりにも違いすぎて、Facebookからブログに訪れた方に「同じヒトなのか？」と惑わせないようにしましょう。

●ニックネーム

プロフィールのニックネームはあなたの肩書です。「サービス名」+「あなたの名前」にしてください。

この欄をサロンの名前や屋号だけにする方もいらっしゃいます。ですが、個人でビジネスをしている場合は、「個人の名前」をしっかり出すことがポイントです。会社や屋号だと堅くなりすぎてしまいますが、個人の名前であれば親しみやすくなりますし「ちゃんとビジネスをしている」ということもわかります。

最大64文字入りますが、ブログタイトルと同じように30文字前後にしておぼえやすくしましょう。また、この肩書を読むだけで「どのようなサービスを提供しているのか？」「専門はなにか？」が伝わるように作成してください。

●自己紹介文

自己紹介文は「あなたがこのビジネスを提供している理由」を伝える重要な部分です。

Facebookでも自己紹介文の欄はありますが、アメブロではなんと2万文字も入ります。かなりくわしくあなたのことを伝えられますね（書き方は次項で解説します）。

そして、「あなたが最新で投稿したブログ記事（3つ）」「フリースペースタイトル」「フリースペース」と続きます。フリースペースタイトルとフリースペースまでスクロールして閲覧する方は少ないので、まずはカバー

写真、プロフィール画像、ニックネーム、自己紹介文を設定してみましょう。

　プロフィールの編集は「ブログ管理」→「設定・管理」→「プロフィール」→「プロフィールを編集」をタップすると、編集したい項目を選ぶことができます。カバー写真とプロフィール写真の挿入は「画像を変更」を選択すると、編集画面に飛びますので設定してください。

┃ あなたのことを「印象に残る」ように説明するために

　それでは、アメブロのプロフィールページの「自己紹介」の欄を埋めましょう！

自己紹介ではまず「①実績・経験・保有資格」を書いたあとに「②あなたがビジネスをはじめたキッカケ」を書くと、相手にあなたがどういうヒトかを伝えやすくなります。

●①実績・経験・保有資格

　実績は次のように「数字」で表わすとインパクトがあります。

　・営業経験3年、接客経験5年、など経歴
　・2019年度：3,200万円、2018年度：2,700万円……など売上実績

　ただし、まだこれからビジネスをしはじめる方は実績がないので、経歴や保有資格だけでもかまいません。

　経歴と保有資格を書くポイントは、「いまのビジネスと関連性があるもの」だけ載せる、ということです。たとえば、心理学を専攻していてコーチングの技術に活きているのであれば「〇〇大学心理学卒業」と記載することで、サービスを受ける側の判断材料の１つになります。

　また保有資格も同じことが言えます。あなたが「運転免許証」を持っていたとしても、ビジネスと関係なければ書きません。関連性のないさまざまな資格をアピールしてしまうと、その道ひと筋でビジネスができていないように見えて、逆に信用を失いかねません。見込み客にとって必要な資格だけを載せるのが大事です。

●②ビジネスをはじめたキッカケ

　あなたはなにかしらビジネスをはじめた「キッカケ」があるはずです。そのキッカケを見込み客に伝えましょう。

　現在は昔と違い、競合がとても多くなっています。アロマサロン、フェイシャルサロン、カウンセラー、セールスコンサルタント……などなど、調べればたくさんのホームページが出てきますね。見込み客はこれらのサービスを Facebook や Google などで探しますが、正直サービスの内容は「大差ない」と感じていることが多いです。

そうなったとき、選ぶ基準になるのが「だれからサービスを受けるか？」です。似たサービスなら、お客さまもできる限り価値観のあうヒトから受けたい、と考えます。

　いまのビジネスをはじめた「キッカケ」は、あなたの価値観を最も説得力を持って伝えられる方法です。「仕事を選ぶ」ということは「人生を選ぶ」といっても過言ではないほど重要な選択。ビジネスをはじめたキッカケそのものにあなたの人生の価値観があらわれます。以下の３つを思い出してみましょう。

・あなた自身の挫折経験や失敗経験
・いまのビジネスの出会い
・そのビジネスに出会ってから出してきた成果

■ 感情を揺さぶり記憶に残りやすい「キッカケ」の書き方

　さらに、キッカケの書き方のポイントは以下の２つです。

●当時の気持ちを文章に含める

　キッカケに立ち戻る際、当時の「気持ち」もあわせて思い出してください。プロフィールでは「気持ち」を書いていくと、より読み手が惹きこまれます。

　ヒトは必需品以外のモノは「感情が動かないと買わない」と言われています。体型を気にしている方の多くは「ダイエットをしなきゃ」と理屈ではわかっていても、なかなか行動に移せません。そんな方が、たまたまつけたテレビでダイエットに成功したドキュメントを見たとしましょう。

「すごく苦しかったけど、がんばってよかった」
「もうやめようかとおもったけど、家族が一生懸命応援してくれたのがとてもうれしかった」

このような成功者の「気持ち」を聞いたり、うれしそうな顔を見たりすれば「このヒトのようになりたい！」と思い「今日は少し食べるのをおさえよう」などの行動のキッカケになります。このように「気持ち」を伝えて、見込み客の「感情」を動かすことが重要なのです。

●ストーリー仕立てで書く

キッカケと気持ちをストーリー仕立てにして書きましょう。

ストーリーで説明するとヒトの記憶に残りやすくなり、そのときはタイミングが悪くて申し込みをしなかったとしても、あることをキッカケにこのストーリーを思い出してくれることがあるからです。そうすれば、またブログへアクセスをしてくれる確率がグッと上がりますね。

以下の順番で書くと、ストーリー仕立てになります。

①どんな挫折や失敗経験をしたのか？
②そこからどうやって乗り越えたのか？
③それがいまのビジネスにどう結びつくのか？
④お客さまになにを提供したいのか？

●外見も内面もまったく自信の持てない 10 代・20 代でした

私は昔から背が高く、骨太でがっちりしていたため、とても外見コンプレックスを抱いていました。アトピーでもあったので人前で話すのがとても嫌いでした。

人生の最大の挫折は就職活動で、200 社受けて 1 社も受からなかったのです。私はやっぱり社会に必要とされない人間なのだな、とそのときに強く感じました。

●自分探し・自己啓発の旅へ……

鬱々とした 20 代を送り、転職も多く、さらに自信の持てない人生を歩んでいました。そこで、自己啓発の旅に出ます。かれこれ 200 万円以上かけて、いろいろな講座やセミナーに参加し、書籍を読みまくりました。そ

こでやっと見つけ出したのが癒しの世界です。

●メディカルアロマの出会い

　アロマの香りは自分自身も家族も癒やされ、「これをもっと学びたい！」と思い、1ヶ月でメディカルアロマのアドバイザーの資格を習得し、アロマ講座をすぐに開きました。アロマの効能を知り、ますますアロマを広めたいと思うようになります。

●たるみ解消やダイエットなど、結果の出るサロンを目指す！

　アロマには痩せると言われているものもありますが、少し時間がかかります。しかし、お客さまは「癒されることも大事だけど、やっぱり痩せたい、たるみをなんとかしたい」という気持ちを持っていることがわかり、私はもっと結果の出るメニューを探し、とうとう見つけました。

　自分で試したところ、67キロあった体重が54キロに落ちました。リバウンドなしでダイエットを成功できています。

　「アロマで癒されながらも、しっかりなりたい身体になる！」ということを目的にサロンを開業！代謝がすこしずつ悪くなってきた35歳以上の女性に向けて、理想の体づくりのサポートをしています。

　このように、当時の気持ちを入れながら、キッカケをストーリーで書くことで、より読み手があなたのことに興味をいただき、ブログを見てくれるようになります。ブログを見続けるうちに、だんだんと「価値の教育」がされて、いずれあなたの商品を買ってくれるようになるのです。

　実際にわたしのクライアントさんの1人は、プロフィールで余命宣告された体験をし、それを乗り越えてダイエットコンサルタントになったストーリーを、そのときの気持ちを交えながら書きました。すると、そのプロフィールに感動し、「あなたから受けたい！」言われるようになったそうです。

　このようにプロフィールで選ばれると、「競合より価格を下げなきゃ！」という価格合戦にならずにすみます。

3-5 お客さまが申し込みする 「ルート」を作ろう

お客さまはどうやってお申し込みするの?

　ここまででアメブロの基本的な設定ができましたので、いよいよブログ記事を作成していきましょう。しかし、ブログにはどんな記事を投稿したらいいのでしょうか?

　記事投稿に慣れるためにも、まずは「日々の投稿」の前に、「固定ページ」を作成しましょう。「固定ページ」とは、毎日更新するような「日々の投稿」と違い、

　・メニュー一覧ページ
　・お客さまの声
　・コンセプト(こだわり)

についてそれぞれ1つブログ記事を投稿します。それが投稿できたら「日々の投稿」をしていくといいでしょう。

　それぞれについてくわしく説明する前に「お客さまはどのようなルートを通ってブログに申し込みをするのか」を確認しておきましょう。
　次の図のように、まず閲覧者はあなたのFacebook投稿か、Googleでの検索や紹介などを通してあなたのブログへ訪問します。そして、あなたのブログページをいくつか閲覧します。

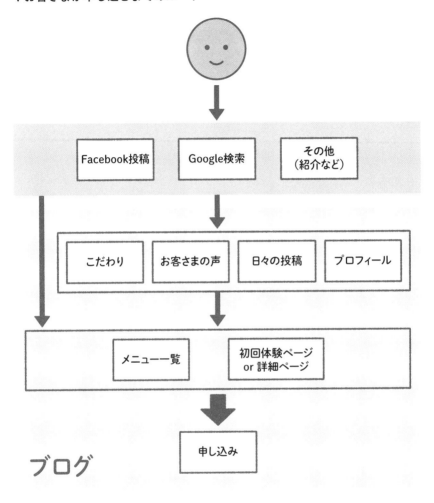

▼お客さまが申し込むまでのルート

いろいろなページを閲覧したあと、申し込みをするときにはかならず、あなたのサービスの内容と価格が書かれた「メニュー一覧ページ」か「初回体験ページ（詳細ページ）」を閲覧し、そのあとお申し込みをします。

お申し込みに欠かせない「メニュー一覧」ページ

　あなたの商品やサービスのことをまったく知らずに申し込みをするお客さまはいませんよね。お客さまに申し込みをしてほしいなら、メニューの値段や概要について紹介するページが必要です。

　「メニューを紹介する」とひと口に言っても、ビジネスによって最適な内容は違いますので、ビジネスの種類ごとに見てみましょう。

●メニュー数が多めの「サロン・整体系」「物販系」

　メニューの数がたくさんあるビジネスは、メニューの数がパッと見てわかる「メニュー一覧」ページが必要です。メニューの一覧ページでは以下のような内容を記載します。

　　・商品ごとに「商品名」「提供時間」「価格」を説明する
　　・すぐに申し込みができるようにリンクを貼る

　このメニューの一覧ページだけでも運用はできますが、くわしい内容がわかるように「初回体験ページ」もしくは商品ごとに「メニューの詳細ページ」を作り、メニュー一覧ページにリンクを貼ることをおすすめします。
　なぜなら、メニューの一覧ページだけだと、かんたんなメニューの名前と時間と価格だけしか判断材料がありません。そうなると見込み客は似たサービスがあれば「価格」で判断してしまいます。
　そこで、詳細ページを閲覧してもらえば、メニューの効果や内容で価値を感じてもらいやすくなります。初回体験ページや詳細ページは、のちほど次項でご説明します。
　ただし、物販の場合は商品数がたくさんあるので、サロンや整体系とおなじように、メニューそれぞれで詳細ページを作るのは難しいでしょう。よって、コンセプト（こだわり）のページのリンクを貼り、価値をつたえるようにします（164ページでご説明します）。

メニューの一覧ページ（サロン・整体系）

メニューの一覧ページ（物販系）

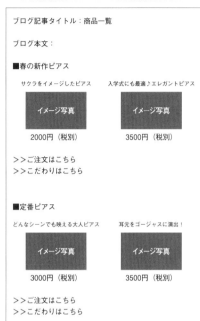

●メニューが少ない「教室系」「コーチ・カウンセラー・コンサルタント系」

　メニューが少ないので「メニュー一覧」ページは必要ありません。かわりに「初回体験の詳細」ページを作りましょう。

　教室系やコーチ・カウンセラー・コンサルタント系は、結局のところ自分で体験して実感を得るまでは価値がわかりにくいビジネスです。わかりにくいと不安になりますし「お金払ってまでやるのは難しいなあ……」と申し込みにためらいを感じてしまいがち。

　そこで、初回体験ページでは、体験の流れや内容を紹介します。その初回体験ページを読めば、見込み客は体験しているイメージができて「まずは体験だけでもしてみよう！」と申し込みしやすくなります。

「メニュー詳細」ページ「初回体験」ページの 5つの型

さきほどお伝えしたように「物販系」以外のビジネスは「詳細ページ（もしくは、初回体験ページ）」を用意します。

節冒頭の申し込みまでのルートからわかるように、この詳細ページがいわゆる「最終地点」。つまり申し込みに至る大事なページです。この1記事中で申し込みに必要な情報をすべて伝えきるようにしましょう。そうすれば、見込み客もあちこちいろんなページに飛ばなくてすみ、ストレスがありません。

詳細ページは基本的に以下の5つの型を順にならべるだけです。事例も参考にしつつ、さっそく「メニュー詳細ページ」や「初回体験ページ」を作ってみましょう！

●メニューに興味がある方のお悩み

まずは「○○というお悩みはありませんか？」「困ったことはありませんか？」という問いかけで文章をはじめましょう。見込み客のお悩みにうまくあてはまれば「自分のことだ！」と感じ、冒頭でグンと惹きこむことができます。5つくらい書き出してください。

●メニューのこだわり

さきほどのお悩みを解決するのが「私のサービスである」ということを伝えます。ここで「3つのこだわり！」などとして、こだわりを端的に書き出すと、ダラダラと文章が続くよりも読みやすくなるのでおすすめです。

●お客さまの声

「なぜこのメニューで解決できるのか？」を証明するために、お客さまの事例を書きます。見込み客は「ホントに結果が出るのか？」「自分が望む未来が手に入るのか？」を疑って読んでいますので、実際にサービスを受けた「お客さまの声」で、あなたのサービスを信じていただけるようにしま

しょう。

●メニューの詳細

　ここまで読み進めれば、見込み客が「このサービスの内容をもっと知りたい」という気持ちになります。そこで、やっとサービスの詳細や流れ、価格を伝えます。この詳細から、実際にそれを受けるイメージができて「このように体験できるのであれば変われそうな気がする」「結果が出そうな感じだな」と思ってもらいます。

　また、「お申し込みはこちら」というリンクを貼り、申し込みに誘導します。せっかく持ったワクワクした気持ちが薄れないうちに、すぐ申し込みできるようにしましょう。

●サロン情報・プロフィール

　そして、最後に「サロン情報（場所・営業時間・電話番号・問い合わせ先など）」と「かんたんなプロフィール」を載せます。プロフィールは実績・経歴・資格だけ載せておきましょう。

　このサロン情報・プロフィールはすべての記事の最後にいれることをおすすめします。これらは「署名」や「名刺」の役割になり信頼度がアップしますし、スムーズにお申し込みやお問い合わせが入れることができるのです。

▼メニュー詳細ページの例

ブログ記事 タイトル	当店の代謝アップ! アロマトリートメント初回体験について

あなたはいま、このようなお悩みありませんか?

✔20代のころに比べてつかれやすくなった……
✔体重よりも体型が気になりはじめた……
✔朝になってもむくみが取れてないことがある(T_T)
✔朝起きるのがツライ……
✔もっとハツラツと元気に仕事や家事をしたい!

サロン(セッション)のこだわりとは? なぜ結果がでるのか?

当サロンでは、代謝のアップを促すオイルを使用しますので、1回でもすごく結果を
感じます。また、医療レベルのフランス産のアロマを使用しているため、
お客さまがお悩みの「むくみ」や「冷え」などに、よりアプローチできます。
結果がでるだけではなく、アロマの香りに包まれて心から癒やされるトリートメントです。
「最後はかならず寝落ちしてしまうけれど、施術後はすごくスッキリします!」とおっしゃる
お客さまが続出です!

お客さまの声

会社員 Aさん 35歳
「重たい身体がかるく
なりました!」

お客さまとの
2ショット

会社員 Bさん 45歳
「ウエストがスッキリして、
ズボンがブカブカに!」

お客さまとの
2ショット

主婦 Bさん 55歳
「不眠が続いていたが、
眠れるようになりました!」

お客さまとの
2ショット

>>ご予約はこちら

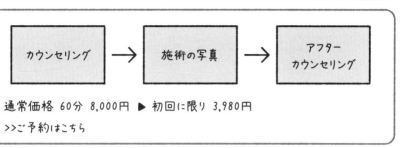

初回体験について

カウンセリング → 施術の写真 → アフターカウンセリング

通常価格 60分 8,000円 ▶ 初回に限り 3,980円
>>ご予約はこちら

サロン情報・プロフィール

プロフィール写真

セラピスト：鈴木夏香　　1976年生まれ
セラピスト歴 10年 のべ2,000名以上の施術
資格：アロマアドバイザー習得
　　　日本肥満予防健康協会認定アンチエイジング
　　　アドバイザー兼ダイエットアドバイザー習得
現在、1児の母
35歳の女性のお悩みをサポートするサロンです!

営業時間：9時〜19時
（最終受付18時）
定休日：日曜日
電話番号：090-0000-0000

>>ご予約はこちら

地図　　サロンの内観

「お客さまの声」は多ければ多いほどいい!

「お客さまの声」のページもよく見られるページです。

　あなたも Amazon レビューや食べログのクチコミを見て、申し込みをするか決めることはありませんか？　同じように、見込み客は「実際にサービスを受けたヒトの感想や結果」を気にするものです。

　お客さまの声のページに必要な項目は、

・お客さまのお名前、年齢（年代）、職業
・お客さまとの2ショット写真
・お客さまからいただいた感想文（メールやLINEのスクリーンショット）
・お客さまが受けたサービスのメニュー詳細ページに誘導するリンク

　です。そしてその感想文の中で特に、

・お客さまが感動したこと
・見込み客がこれを読んだら驚くようなこと
・サービスを受ける前後の違い

　などがわかる１文を取り出して、それを見出しにしましょう。次の図では「予想以上に身体がスッキリし、よく眠れるようになった」といった１文がお客さまの声の見出しの役割を果たします。
「お客さまの声」がすごく感動する内容だとしても、基本的に見込み客は長い文章を読んでくれません。まずキャッチーな１文で目を止めてもらってから、くわしい内容を見ていただくという型を作ってください。

▼お客さまの声のページの例

■アロマトリートメントを受けてくれたお客さまの声

「予想以上に体がスッキリし、よく眠れるようになった」
山田恵子さん　40代　会社員

お客さまとの 2ショット	お客さまの感想 （LINEやメール）

「ウエストがくびれてびっくり！きつかったブーツも
ブカブカになりました」
田中舞さん　50代　主婦

お客さまとの 2ショット	お客さまの感想 （LINEやメール）

︙

　それでは「お客さまの声」はいくつあればいいでしょうか？

　ズバリ、お客さまの声の数は多ければ多いほどいいです。Amazonレビューでもレビュー数が多い商品は、多くの方が買っていることが伝わり、レビュー数＝信頼になります。

　もちろん個人のビジネスでは100件も200件もお客さまの声を集めるのは難しいですし、まだはじめたばかりのヒトは数名程度しかいないと思います。そんなときは1事例であっても必ず載せるようにしてください（1章54ページ参照）。

　そこから、少しずつ「お客さまの声」ページに追加をしていきましょう！

「こだわり」ページを作って、だれにも負けない価値を伝えよう

あなたのビジネスのコンセプトやこだわり、特徴は、ぜひ見込み客に伝えましょう！

いまは似たようなサービスが多くなり、内容や価格に差がほとんどありません。そこで、あなたの「こだわり」を伝えることで、見込み客がサービスを選ぶ判断材料の1つになります。

そのため、「こだわりページ」を作成します。こだわりページでは、以下のようなことを伝えるといいでしょう。

・あなたが提供しているサービスや商品自体の特徴
・競合との違い
・数字比較ができること
・保障（返金保障があるとか）
・店内のこだわり
・競合がやっていないサービス

たとえば、このような内容が考えられるでしょう。

当サロンは5つのこだわりがあります。

●ポイント1：結果の出る商材と手技

疲れ・たるみ・ダイエット・お肌のお悩み……。

これらの女性特有のお悩みにこたえる、たしかな商材と手技をご提供しています。

当店が絶対の自信をもっておすすめする○○化粧品のご利用は、お客さまの8割の方に使っていただいております。ホームケアの重要性についても、お気軽にご相談ください。

●ポイント2：リピート率90％を維持しています

　おかげさまで、リピートのお客さまでご予約が埋まっている状況です。

　個人サロンならではの、手厚いフォローでお客さまに寄り添います！

お早めのご予約でしたらご希望のお日にちが取りやすいです。

●ポイント3：ダイエット経験とアトピー経験

　セラピストの鈴木は、ダイエットの経験（半年で約7キロ、リバウンドなし！）と、アトピーを持っています。そんな結果が出る商材で、たっぷり施術をいたします。また、ダイエットアドバイザーとして6年間、女性へアドバイスしてきました。

●ポイント4：アットホームなプライベート空間

　自宅サロンならではの温かみのある空間をご用意しています。

　完全個室なので安心して施術をお受けください。

●ポイント5：アフターフォローが充実

　施術後のアフターフォローが充実しています。次回予約までのお客さまご自身でやっていただくことをLINEでお伝えします。

　ご質問は無制限ですので、いつでもご連絡ください。

コラム　　時短につながる！　アメブロ複製機能とは？

159ページで「サロン情報・プロフィールは、ブログ記事のすべてに載せましょう」とお伝えしました。

じゃあ、その部分をコピペ（コピー＆ペースト）してブログ記事を書けばいいのかな、と思うかもしれません。ただこれをすると、ペーストした記事に特殊なコードが入ってしまい、ブログ記事を開くのに時間がかかったり、禁止タグがあるため保存できなかったりする不具合が起こったりします。

よりかんたんで時短になり、不具合が起こらないコツがありますのでぜひ実践してください。

①アメブロアプリを開き「ブログ管理」→「アクセス解析を見る」をタップ

②右下の［上矢印］ボタンをタップ（Androidは右上の［縦に並んだ3つの点］ボタンをタップ）

③「Safariで開く」をタップしてSafari上でアメブロにログインする（Androidは「ブラウザで開く」をタップしログイン）

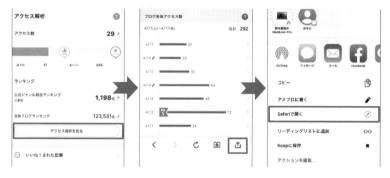

④「アクセス解析」をタップし、下にスクロールして「パソコン版」をタップ
　→スマホ上でパソコン用の管理画面を閲覧できるようになります

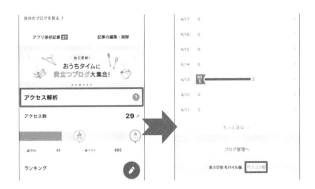

⑤左メニューの「記事編集・削除」をクリックして、記事一覧を表示

⑥過去記事の「複製」ボタンをタップ

　　→複製した記事が下書きとして保存されます

⑦アメブロのアプリを再度開くと、さきほどの複製で作った記事が記事一覧に出てくる。いらない部分を削除して、あたらしい記事を書く

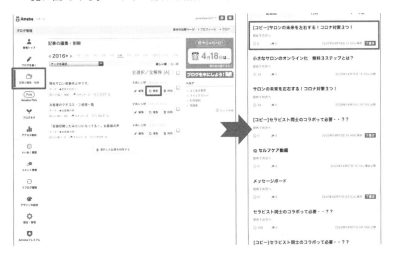

このように操作することで、ブログが格段に早く書けるようになります！
ぜひ実践してみてください。

3-6 「日々の投稿」の積み重ねがブログを成長させる

ブログ記事を書くのを「あたりまえ」にする

「定期的にブログを更新する」ことはブログ運用に欠かせません。

更新することで閲覧者からの信頼度が高まるのはもちろん、SEO 対策にも響きます。いまのところ、日々更新されているブログは、Google から「よいブログだ」と評価されるのです。

そのために「日々の投稿」をしましょう。特にはじめの１ヶ月は、１日１記事投稿して、ライティングのスキルをアップさせることに努めてください。運動も勉強もそうですが、日々の練習があるからこそ、うまくなりますよね。じつはブログライティングも同じです。また、毎日投稿をすることで、操作に慣れてきますし、投稿するネタをさがすことが楽しくなっていきます。

このように、毎日１記事投稿を１ヶ月続ければ、ブログの記事を書くということが「あたりまえ」になっていきます。ぜひブログ投稿を習慣化させましょう！

また、２ヶ月目以降は「１週間に１記事」に減らしてもかまいません。量より「質」を意識してみてください。

申し込みが入りやすくなる「日々の投稿」

ブログの最終的な目的は「あなたのサービスを申し込んでもらう」こと。

つまり、最後まであなたのブログの記事を読んでもらわなければなりません。そのためには、

・記事の中に、あなたのメニュー記事のリンクを貼る

・ブログの記事が読み手のためになる内容にする

　ということが重要です。前者は、記事の最後に「よりくわしい情報を得たい方や、まず体験をしたい方は、こちらをご覧ください」とメニュー記事へ誘導する、ということです。「ためになる記事だったなあ」で終わらせないようにしましょう。

　それでは、後者の「読み手のためになる内容」とは、具体的にどんなことでしょうか？

　ブログネタを探すときには、見込み客のお悩みをまず書き出していきます。たとえば、40代以上の方で「ダイエットをしたいな」と思っている方のお悩みはなにがあるでしょうか？

・運動が苦手

・時間がない

・体力がない

・食べることは止めたくない

・飲み会のときどうすればいいのか

　このような悩みを書き出して、それに「答える」ブログにしていきます。悩みがよくわからない場合は、Yahoo! 知恵袋などのお悩みサイトで「40代からのダイエット」と調べるとお悩みがでてきます。そちらを参考に、あなたなりの回答をブログで投稿しましょう。

拡散を狙うなら、Facebook と組み合わせて投稿しよう

　「Facebook の投稿とどう使いわければいいの？」と思う方もいるでしょう。ズバリ、次のように使いわけます。

・Facebookの短文投稿で興味を引き、ブログへ誘導する

・ブログの長文投稿でFacebookの内容をよりくわしく説明する

　たとえば、あなたが「クリスマス時期の特別企画」を立案して、それを宣伝したいとしましょう。まず、Facebookでは下図のような投稿で興味を引きます。

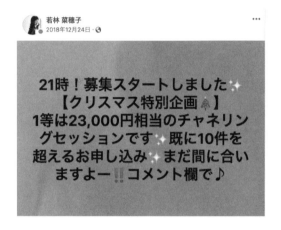

　そして誘導先であるブログではFacebookで告知した企画をくわしく書けばいいのです。

・セッションの具体的な内容

・対象者、価格帯

・企画立案のキッカケ

・お客さまの声（もしあれば信ぴょう性が増します）

・募集期間

・申し込む手順など、具体的な行動アクション

　このようにすれば、Facebookの「拡散力」とブログの「信頼力」をうまく使いこなすことができます。

3-7 「申し込みしたい!」に つなげるライティングスキル

インターネットビジネスは 「文字でしっかり伝えられるか」が大事

ここまでで「ブログにはどんな記事が必要なのか?」「なぜ必要なのか?」はおわかりいただけたでしょうか。ここからは、具体的なブログの書き方、つまり「ライティングのスキル」についてお伝えします。しかし、そもそもなぜライティングのスキルが必要なのでしょうか?

まだ直接お会いしたことがない見込み客に、あなたのサービスを申し込みしてもらうには、サービスの魅力を伝えることが重要です。リアルでお会いする方には手ぶりや身ぶり、表情など、さまざまな方法で伝えることができますが、インターネット上でビジネスをする場合は、文字と画像でしか伝えられませんね。

また、画像は「講座の雰囲気」「扱っている商品」などの"目で見える"情報を伝えることができますが、「どんな想いで作ったのか」「こだわりはなにか」といった情報は伝えられません。そこで、

「画像だけでは伝えられないことを、文字でしっかりと伝える」

これがインターネットビジネスを成功させる秘訣です。文字で伝えるスキルを身につけることで、見込み客があなたのサービスの価値を理解し、申し込みをしてくれるようになります。

ブログを書くために、高い国語力は必要なの?

「文字で伝えるって、なんだか難しそうだな……」

　と思ったかもしれませんが、大学受験の試験で出てくる難しい国語力は必要ありません。それよりも「小学校高学年の子ども」にわかるような言葉づかいや伝え方を心がけるようにしましょう。

　小学生高学年であれば、あまり難しい言葉や漢字は出てきませんが、かんたんすぎて幼稚な日本語でもありませんよね。

　あなたのブログはさまざまな方が閲覧します。理解力が高いヒト、そうではないヒト、もともと文章を読むことが得意なヒト、ふだん本を読まないヒト、どのような方でもスッとアタマに入る文章が好ましいです。逆に幼稚な表現にしすぎると、信頼を得ることが難しくなってしまうので、小学校高学年レベルの文章がいいでしょう。

　また、専門用語にも注意が必要です。ブログで使用する用語は「ターゲットにあわせた言葉」を選択しましょう。

　かつて、助産師経験のあるセラピストさんが、ついブログ記事でむくみを「浮腫(ふしゅ)」と書いていました。助産師の世界で、むくみは「浮腫」というのが常識です。しかし、このビジネスは医療関係者ではない方がおもなターゲット。「浮腫＝むくみ」と理解できる方はそうそういないでしょう。

　あなたのサービスの中で使う専門用語は「ターゲットに伝わるのか?」もし伝わらないのであれば、「どのような表現をすることで伝わるのか?」を考えるようにしましょう。

「申し込み」までに乗り越えなければならない4つの壁

　たとえば、あなたが、スマホのアプリでニュースを見ていたとしましょう。

そのとき、目に止まったニュースのタイトルをタップしますよね？ そして、記事がおもしろければ、読み進めていくでしょう。また、読み進めるうちに「この記事の内容ってホント？」と記事の信ぴょう性をうたがうかもしれません。そう思ったとき、信用できるデータが記載されていたら、その記事を信用し、さらに読み進めるはずです。最終的に、記事の最後におすすめの書籍やサービスが紹介してあったら、購入してしまうかもしれません。

上記の流れでは、それぞれ次のような「壁」を乗り越えて、購入までたどり着いています。

・読まない
・読み続けない
・信じない
・申し込まない

これが「ライティング4つの壁」というものです。

この4つの壁をそれぞれ乗り越えないと、申し込みが入らないので、どれも大切ではありますが、いちばん重要な壁は最初の「読まない」壁です。

ニュースのタイトルがあなたにとって、興味のわかないもの、必要のないものであれば、そもそも読もうとすらしないはずです。そこで「読み続ける」に進むためにも、最初の壁「読まない」を乗り越える必要があります。

ついつい読みたくなる「記事タイトル」の考え方

それでは、最初の壁「読まない壁」を乗り越えるためにはどうすればいいのでしょうか？

さきほどの「ニュース記事」の例を思いだしてください。読むキッカケは「ニュースのタイトルに目が止まった」でしたね。

これと同じように考えると、ブログの「記事タイトル」が読まない壁を乗り越えるカギを握っています。記事のタイトルが興味をひくものであったり、必要だと感じさせるものであったりすればするほど、ブログの本文を読んでくれます。

　では、具体的にどんなブログ記事のタイトルなら、興味をひいたり必要感を持たせられたりするのでしょうか？

　まず、文字数は全角で 30 文字以内がいいでしょう。アメブロは全角 64 文字はいりますが、検索結果に表示される文字数がベストです。
　また、ブログの記事タイトルは以下の要素を 1 つ以上いれると、グッと読み手が惹きこまれるタイトルになります。

　①ベネフィット：読者が得られるメリットが伝わるか？
　　　　　　　　　（34 ページも参照のこと）
　②クイック＆イージー：いますぐラクにメリットが得られるか？
　③緊急性・限定性：いま読まなければいけないと感じるか？
　④当事者性：「自分のことだ」と思ってもらえるか？

魅力的な記事タイトル 10 選

　ではさっそく、前述した①〜④の要素を入れて、ブログ記事のタイトルを作ってみましょう！
　ブログ記事のタイトルが作りやすいように、テンプレートを用意しています。こちらを使い、あなたのビジネスにあてはめてみてください。

● 「たった○○するだけで……」

> たった 1 回体験するだけで、5 歳若返るお肌へ♪
> 寝る前にたった 5 分足首を動かすだけで、むくみ解消！

4つの要素のうち、①ベネフィットと②クイックアンドイージーの要素を入れています。

● 「○○の法則（方法)」

> 腰痛が驚くほどラクになる3つの法則
> 美体型になるたった5分のストレッチの法則

　法則や方法という言葉を入れることで、具体的にイメージできるので、②クイックアンドイージーに該当します。そして、○○では「法則にしたがったときに得る未来」を伝えているので、①ベネフィットに該当します。

● 数字

> 当店のリピート率95％の美容化粧水とは？
> ストレートネック予防のための5つのコツ

　こちらも数字を入れることで、具体的になるので②クイックアンドイージーの要素になります。

● 感嘆！

> え？　痛みがまったくない小顔矯正で結果が出るの？
> マジで！　ガッツリ食べても運動しなくても痩せられる秘訣

　感嘆文は読み手の感情に訴えかけることができるので、④当事者性の要素になります。また例文では、かんたんにラクしてできることもアピールしているので、②クイックアンドイージーでもありますし、「得られる未来」も表現されているので、①ベネフィットも含まれています。

●対極

> ダイエットで結果が出るヒト、リバウンドするヒトの違い
> たるみやすい肌とたるみにくい肌の驚きの違いとは？

　対極で伝えると、「どちらに自分が属するのかな？」と考えさせることになるので、④当事者性になります。

●「○○とは？」

> 猫背がたった1週間で美姿勢になるコツとは？
> 肩コリがたった1回で良くなった方法とは？

　疑問形があると思わず答えてしまうことが多く「自分ならどうかな？」と考えてくれるので④当事者性になります。また例文は「たった1回」という言葉で②クイックアンドイージーの要素も含めています。

●「なぜ○○なのか？」

> なぜたった3ヶ月で劇的に痩せられたのか？
> なぜ運動オンチの私でも体脂肪25％→15％になったのか？

「なぜ」という単語があると、読み手は答えを深く考えます。よって④当事者性になります。例文では得た未来も表現されているので、①ベネフィットの要素もあります。

●限定！

> 限定５名さま！　美肌小顔フェイシャル体験セッション
> あと２日で終了！　無料体験パーソナルトレーニング

こちらは③限定性・緊急性にあたります。

●伏せ字

> 敏感肌のヒトでも○○するだけでうるつや肌になる秘訣とは？
> ○○すれば、たった１週間で肩コリがラクになる！

　伏せ字があると、ここを埋めようとしてくれるので、④当事者性になります。例文ではそれを得た未来も表現されているので、①ベネフィットの要素もあります。

●「○○しないでください！」

> いまはダイエットしないでください！
> ぐっすり眠りたいならスマホはベッドに置かないでください！

　あえて否定をすることで、「どうしてそれをいまやってはいけないの？」と考えてくれますので、④当事者性になります。

読み手にストレスを与えず、グングン読み進めてもらうためには

　ブログの最終的な目的は、あなたのサービスを申し込んでもらうこと。そのためには、最後まであなたのブログの記事を読んでもらい「申し込みをしたくなる！」という気持ちにさせないといけません。そこまでいかな

くても「いつかはこのサービスを受けてみようかな」と思ってもらう必要
があるのです。

そのために必要なブログの条件は2つ。魅力的なブログ記事タイトル、
そして本文です。タイトルはさきほどお伝えしましたので、ここでは本文
のポイントについてご説明いたします。

● 「もう少し知りたいな」くらいの文章量を目指す

本文の質をよくするためには、ある程度の長さが必要です。目安として
1記事の文字数は1500〜2000文字くらい。この長さはスマホで閲覧した
ときに、5スクロールくらいになります（改行数にもよります）。これくら
いの文字数だとストレスなくスマホで読むことができますし、ちょうどよ
い読み応えを感じます。

この文字数よりも少ないと「浅いなあ」と感じますし、それ以上多いと
「長い」と感じて最後まで読んでもらえないのです。

ためしに以下のURLのブログ記事を読んでみてください。こちらは2000
文字程度です。

・Link＆Support「自宅サロン集客のためのインスタ活用術！
　　　＃（ハッシュタグ）の使い方」

https://net-salon.info/2019/09/14/jitaku

もしくは、Yahoo! のトピックにあるニュース記事も参考になるでしょ
う。もちろん、個人差はあると思いますが、伝えたいことが1つにまとめ
られていつつ、もう少し知りたいなという適度な読み応えを感じたのでは
ないでしょうか？

「ある程度の情報を得られるけど、もう少し知りたい」くらいの感覚を目
指すと、あなたのブログを読み続けてもらうことができます。読み続けて

もらうことができれば、どんどんあなたのファンになっていき、いずれお申し込みが入るはずです。

● 1記事1テーマにとどめる

　ダイエットのことを書いているうちに、いつのまにか美容の話になったりするなど、あちこち話が飛んだりする方がいます。しかし、それだと結局なにを伝えているのかがわからず、読者を惑わせることになり、途中で離脱してしまいます。

【伝えること】→【根拠】→【検証】→【結論】→【CTA】

　このような流れを意識すると以下のようにとてもわかりやすくなります。

> 「40歳から食べても痩せるかんたんダイエットとは？」
>
> 　この記事では、40歳からの食べても痩せるかんたんダイエットについて、実体験をふまえながらお伝えします。
> 　私自身、40代に突入し、だんだんと痩せにくくなってきました。
>
> 　運動は苦手だし、運動をする時間もない。
> 　いまのままじゃいけないのはわかっている……でもなかなかできない！！
>
> 　それが私の当時の悩みでした。
> 　周りの40以上の友だちに聞いても、私と同じような悩みを抱えている方が多数！
>
> 　なんとか食べても痩せられるダイエットがないか？　と私はいろいろためしました。

そんなときに出会ったのが、かんたんストレッチです。

このかんたんストレッチは、スキマ時間や日常生活を送る中でできる運動方法。
運動といっても、辛くて疲れるものではありません。
あなたの日常、たとえば歯磨きをしながらできる方法なのです。

私は最初だまされたと思いながら、それをやったら……
なんとたった1ヶ月で2.5キロも痩せたのです！
痩せただけではありません。体がすごく軽くなり、いつもよりも元気に仕事ができるようになったのです。

このかんたんストレッチなら、あなたが好きな食べ物を食べてもOK！
しかも辛くなく、継続的にできる方法です。
運動が苦手、でも食事制限はイヤ……というあなたにこそ、あっているダイエットです。

もしこのストレッチにご興味があれば、いま体験レッスンをしています。
限定3名さま、○月○日までの募集期間です。
↓お申し込みはこちらです↓
https://○○/

「申し込む」にたどり着くための文章テクニック

魅力的なブログタイトルを作成できれば、「読まない」壁を乗り越えられます。では、ほかの「読み続けない」「信じない」「申し込まない」壁はどう乗り越えればいいのでしょうか？

●読み続けない壁

そもそもなぜ「読み続けない」状態になってしまうのでしょうか？

それは、難しい専門用語があったり、1文が長かったり、自分ごとに感じなかったりすることが原因です。よって、以下を意識しましょう。

・見込み客がわかる言葉を使う
・1文を短めにする
・ターゲットを絞って発信する

●信じない壁

読み手はブログの文章を納得して、信用しながら読んでいるとはかぎりません。基本的に「疑って」ブログを見ていると思ったほうがいいでしょう。信じてもらえるために、以下の2つを積極的に入れてください。

・自分の体験談
・お客さまの体験談や推薦文や客観的データ

前者の「自分の体験談」を入れる理由は2つあります。

1つ目の理由は、ビジネスをはじめたばかりの方はブログに載せられる「お客さまの声」が少ないからです。そこで、あなた自身の経験を説明することで、読者の信頼を獲得します。

2つ目の理由は、お客さまは「自分と似た経験のあるヒトからサービスを受けたい」と思っているからです。あなたもダイエットサロンのセラピストを選ぶなら、ダイエット経験がまったくないヒトにお願いしたいとは思いませんよね。お客さまは自分と同じ苦しい経験があるヒトに心を開き、話を聞いたり読み進めたりするのです。

ただ、あなたの経験だけでは「おおげさに言っているのでは？」「その経験ってホント？」と疑う方もいます。そこで、後者の「お客さまの体験談や推薦文や客観的データ」など、第三者の情報が必要なのです。お客さまの体験談は1人でもかまいません。しっかりブログに書きましょう。

●申し込まない壁

そして「信じない壁」を乗り越えたからと言って、読み手は無条件に申し込んでくれるわけではありません。緊急性や限定性がないと「いまじゃなくてもいいや」となりますし、そもそも申し込みをする導線がわかりにくいことも、申し込まない原因になります。そこで、

・背中を押す言葉を加える（例：「限定3名さまなので、急いでお申し込みください」）
・申し込みやすい導線をつくる（例：「申し込む」ボタンの文字を大きくする、下線を引く）

を大事にすると、申し込みフォームをクリックしやすくなります。

ブログの画像は「1枚目」に気をつける

ここまでは、ライティングの話が中心でしたが、ブログも Facebook と同じく画像がとても重要です。

文字だけの情報だと読み続けることが難しいですし、特にスマホでブログを読むと、小さな画面で文字だけを見続けるのは辛いものがあります。

だからといって「画像をたくさん入れればいいの？」というとそうではありません。あまりにも画像が多いと、ブログ記事を開くまでに時間がかかります。すると、読み手はストレスを感じてすぐにページから離脱してしまうのです。また、この表示速度は、Google が検索順位を決める指標の1つ。画像をたくさん載せて表示速度を遅くするのは、SEO 対策としてはご法度なのです。

では、ブログ記事の中に画像はいくついれたほうがいいのでしょうか？

それはブログ記事の内容によります。平均は1～2枚で大丈夫ですが、次の枚数を参考にしてみてください。

ブログ内容	画像枚数
プロフィール	1〜2枚
メニュー紹介ページ	メニューごとに1枚
お客さまの声ページ	1人のお客さまごとに1枚　多くても10枚
お客さまの声（1人）ページ	1〜2枚
コンセプト（こだわり）	3〜5枚
日々の投稿	1〜2枚

「どんな画像がいいのか」はFacebookと同じですので、106ページを参照してください。

　ただし、アメブロは画像の「順番」が重要になります。FacebookやほかのSNSでブログ記事をシェアしたときに、最初の画像が「サムネイル」になるのです。「サムネイル」とはブログ記事の本文を読まなくても、おおよその内容がわかるような画像のこと。よって、ブログに挿入する一番はじめの画像に気を配るようにしましょう。ブログの記事の内容と一番はじめの画像の関係性がないと、記事をクリックしてくれる確率が下がってしまいます。

今日から実践！　ライティングチップス集

　最後に、かんたんに取り入れられるブログライティング向上のポイントをご説明します。

● 1文を短めにする

　〜〜で、〜〜だから、〜〜なので……と1文が長くならないようにしましょう。1文を短くすると読み手にストレスを与えることなく、読み続けてもらうことができます。

●文字の色は3色までにして、はっきりした色を選ぶ

　特に女性は色をたくさん使いがちですが、そうするとゴチャゴチャした印象を与えて、肝心の内容が頭に入ってきません。

　また、「かわいい」という理由でパステルカラーを何色も使うのもNG。パステルカラーは薄いためたいへん見づらく、読み手にストレスを与えます。黒・青・マゼンダ（ピンク系のはっきりした色）がおすすめです。赤を使う方も多いですが、赤は強くインパクトがあるぶん、売りこみに見えてしまいがち。少し赤みをおさえたマゼンダを使ってみましょう。

●絵文字は適度に入れる

　アメブロは芸能人が使っているというイメージも強く、おしゃれでやわらかい印象を与えるブログサービスです。そのイメージにあわせて絵文字を適度に入れると、より目をとめてくれる方も増えるでしょう。

第4章

確実に購入につながる
関係を築く
「LINE公式アカウント集客」

4-1 「申し込み」ボタンから「購入」へつなぐために

事前のやりとりとアフターフォローが重要

　第3章までで、見込み客はFacebookであなたのビジネスに関心を持ち、ブログで信頼関係を構築してきました。

　この章では見込み客が実際に「申し込みする」ことについてお伝えします。まず、見込み客があなたのブログから「申し込み」ボタンを押してからのルートを確認しましょう！

【申し込みボタンを押す】→【申し込み者とやりとりをする】→【実際にサービスを受ける（もしくはモノが届く）】→【アフターフォローをする】

　このように「申し込み」がすぐ購入につながるとはかぎりません。

　見込み客に購入してもらうためには「申し込み者とやりとりをする」ことが重要になります。たとえば、予約の日程を調整したり、申し込み者からのご質問に答えたりします。そのほか、お客さまが予約日を忘れないように、前日にリマインドを送る、などが挙げられるでしょう。

　また、売上アップのためにはお客さまにリピートしていただくことも欠かせません。そのため、サービスを受けていただいたあとに「アフターフォロー」をします。お客さまがサービスにご満足いただけたかを確認をしたり、必要なアフターケアのやり方などを伝えたりします。

　このようなアフターフォローはリピーターを増やすだけでなく、お客さまからのご感想をいただくこともできます。それをブログにアップすれば、集客にもつながるでしょう。

「LINE公式アカウント」は
メールより確実にアプローチできる!

さきほどの「申し込み者とやりとりをする」「アフターフォローをする」
は、メールで対応することができますね。しかし、メールでやりとりする
には以下の欠点があります。

・「お客さまが既読したかどうか」わからないので、お会いしたときに
　メールを読んでいただいた前提でサービスを提供していいのか、判断
　できない
　→次回予約や購入につながる施策を考えることが難しい

・お客さまの立場だと、メールを受けとったあと「返信」をクリック
　し、本文を入力する2ステップが必要になる
　→感想を送ることがめんどうだと感じてしまい、フィードバックの確
　率が下がる

そこで、本書では「LINE」の利用をおすすめしています。LINE は「既
読」がわかりますし、お客さまにとってもプライベートでLINE を使って
いるのと同じように返信できるので、メールよりも気軽にあなたのビジネ
スの感想や要望、意見を伝えてくれます。

ほかにも、以下のように、LINE をビジネスで活用するメリットがあり
ます。

●メールよりも開封率が高い

そもそも LINE はメッセージを見ていただける確率が高くなります。私
の所感ではメルマガの開封率は 15 〜 20％に対して、LINE の開封率は 40％
以上。同じく個人でビジネスをしている方にも調べてもらったところ、
LINE の開封率は平均で 40 〜 50％でした。

つまり、メルマガよりも 2 〜 3 倍以上も開封率が高く、そのぶん内容を

読んでもらっている可能性も高い、といえます。

●利用者が多い

　LINE は現在、日本の人口の 65％以上、8,300 万人（2019 年 12 月末時点）が利用していてアクティブユーザーが 80％以上です。

　「ユーザー人口が多い＋アクティブ率が高い」ということは、日々利用している方がとても多いといえます。LINE を使わない手はありませんね。

●無料ではじめられる

　ビジネス用に開設できるアカウント、それが「LINE 公式アカウント」です。この LINE 公式アカウントは、なんと LINE と同じように「無料」で開設ができます。

　さらに無料でも月 1000 通送ることができます。ビジネス初期であれば、LINE 公式アカウントの友だち数は、多くても 50 人くらい。月に 20 通送ることができますね。毎日 LINE 配信する必要はないので（むしろおすすめしません）、無料プランで十分です。お友だちの数が 100 人以上いて週に 2 〜 3 回送る場合は、有料プランに切り替えるといいでしょう。

「LINE」と「LINE公式アカウント」はどう違うの？

　あなたやお客さまがプライベートでつかっているのは「LINE 公式アカウント」ではなく「LINE」でしょう。LINE はあなたが友だち追加した（された）方やお店・企業の LINE が見られますし、やりとりもできますね。

　「わざわざ LINE 公式アカウントを持ちたくない」
　「いつも使っている LINE で発信すればいいんじゃないの？」

　と思う方もいらっしゃるでしょう。

　しかし、ビジネスでは「LINE 公式アカウント」を使用し、プライベー

ト用と使いわけることを強くおすすめします。「LINE 公式アカウント」は
LINE と異なり、以下のようなことができるためです。

・友だち登録した方全員にキャンペーンの情報、クーポンの発行が一斉
　送信できる
・性別／年代別などターゲットを設定してメッセージを送信できる（1
　人ひとり個別に送信することもできる）
　→ただし、ターゲットリーチ（ブロックされておらずかつ属性が推定
　できる友だち）が100人以上であることが条件です
・通常のLINEからのメッセージと区別されて、見込み客やお客さまか
　らのメッセージが管理しやすく連絡を見逃すことはなくなる
・メッセージの開封率や送信したリンクのクリック率などユーザーの分
　析ができる

　これらはビジネスにとても有効な機能です。ぜひ LINE 公式アカウント
をスマホにダウンロードしましょう！

	LINE	LINE公式アカウント（旧LINE@）
配信	1対1でのチャットのみ	1対多 1対1両方配信できる
機能	ホーム投稿	・ホーム投稿 ・クーポンやショップカードなどの配信 ・分析ツール ・属性で絞り込み配信

4-2 「基本情報」で見込み客からの信頼を高める

LINE 公式アカウントは「認証済」にすべき？

では、実際に LINE 公式アカウントの登録・設定に入りましょう。iPhone なら App Store、Android なら Google Play で「LINE 公式アカウント」と検索して、アプリをダウンロードしてください。ダウンロード後は下図の手順で LINE を設定します。

「アカウントの作成」画面で、以下の項目を入力しましょう！

- ・アカウント名：個人名（理由はのちほどくわしく説明します）
- ・業種：あなたのビジネスにあてはまるもの（どれもあてはまらなければ「個人」を選んでください）
- ・メールアドレス：あなたがふだん使っているメールアドレスか、「LINE」で登録したメールアドレス

▼アカウントの作成画面

アカウントの作成 　　　　×

LINE公式アカウントの作成

　　　　　　　　　　● 必須

サービス対象国・地域
日本

アカウント名 ●

　　　アカウント名 （20文字以内）

業種 ●

大業種 　　　　　　　　　　˅

小業種 　　　　　　　　　　˅

会社/事業者名

メールアドレス ●

LINE公式アカウント利用規約

上記にご同意の上、[確認]をタップしてください。

確認

LINE 公式アカウントには以下の 2 種類があります。

・「未認証アカウント」：だれでも作成できるアカウント
・「認証済アカウント」：審査をクリアしたアカウント

　現時点では「未認証アカウント」ですが、「認証済アカウント」になると LINE のアプリ内で検索できるようになり、見込み客が LINE 内で友だち追加しやすくなります。
　また、LINE が発行しているポスターデータがダウンロードできて、販促ツールとして使えます。しかも料金プランは変わりません！

以上のように認証済アカウントにするメリットは大きいのですが、審査に時間がかかります。10営業日以上かかったり、承認されなかったりすることもあるので、まずは未承認アカウントで作成して大丈夫です。承認済みアカウントはあとから申請できます。

　認証アカウントの審査基準や条件などの詳細は、下記のガイドラインをご覧ください。

　・LINE公式アカウントガイドライン
　https://terms2.line.me/official_account_guideline_jp

▌見込み客から、画面がどう見えるか確認しよう

　Facebookやブログと同じように、LINEにも「プロフィール画面」があります。設定する画面は「ホーム」と「プロフィール」の2つです。

　まずLINEでメッセージを配信すると、多くの方は次の図の「トーク画面」から「だれからどんなメッセージが送られたのか」を確認します。そして、メッセージを見てより内容が気になる場合は「ホーム」をタップしてくわしい内容を見たり、プロフィールアイコンをタップして「プロフィール」を確認したりします。

▼見込み客の目によく触れる「トーク画面」

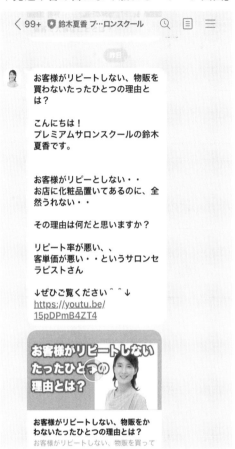

「ホーム」や「プロフィール」は次の図のように見えます。いずれもあなたの LINE へ訪れた方はここを見る可能性があるので、しっかり基本設定しましょう。

▼ホーム（左）とプロフィール（右）

背景画像　　　　　　　　　　プロフィール画像　　アカウント名

プロフィール画像　　　　　　　　　　　　　ステータスメッセージ

親しみがあり、ついつい読んでしまう「プロフィール」を作ろう！

　基本設定はさきほどの図のように4つの項目を設定します。

　LINE公式アカウントアプリから「設定」→「アカウント」の順番でタップすると「アカウント設定」が表示されます。それぞれ「鉛筆マーク」や「カメラマーク」をタップして設定しましょう。

●アカウント名

アカウント名はさきほど述べたように、個人名を入れましょう。サロンやお店を経営している方はアカウント名をお店の名前にしているのをよく見かけます。しかし、LINEはたくさんの方がプライベートで使っていて、友だちや家族とのやりとりをするためのもの。お店の名前だけのLINEは「全体配信で送っているものだし、あとで見ればいいや」と感じさせてしまい、未読のままでいることが多くなってしまいます。

そこで個人の名前でLINEが送られると、見込み客は「自分に送られた」と感じて思わずメッセージを開きます。少しでも開封率を高めるために個

人名を入れるようにしましょう。

●ステータスメッセージ

　あなたのプロフィールページには、全角で 20 文字までひと言入力ができます。それが「ステータスメッセージ」です。

　ここにはビジネスの売りやスローガンなど、短い文章であなたのビジネスの良さを伝えるキャッチコピーを入力しましょう。ステータスメッセージは一旦入力すると、1 時間は変更できませんが時間が経てば変更できます。

●プロフィール画像

　ここまで読んできてくださった方は理解していただいていると思いますが、Facebook やブログと同じように「プロフィール画像」はとても重要です。トーク画面のアイコンとして必ずプロフィール画像は表示されますので、一番見られるといっても過言ではありません。

　Facebook やブログのプロフィール画像と同じ写真でかまいませんし、あたらしく撮る場合は 2 章でお伝えした画像のコツ（72 ページ）を参照してください。

●背景画像

　背景画像は Facebook でいう「カバー写真」です。あなたがどのようなビジネスをしているのかがわかる画像にしたり、画像に文字を入れたりすると、よりわかりやすくなります。

4-3 見込み客にアプローチする4つの機能を理解しよう

まずは、もっとも重要な「発信機能」を2つおさえよう

LINE公式アカウントの設定やプロフィール設定が終わったところで、LINE公式アカウントの重要な機能をおさえましょう。

LINE公式アカウントを活用するうえで、たくさんの方が混乱しがちなのが、以下の2つの使いわけです。

・メッセージ配信
・タイムライン投稿

それぞれの機能は次項で具体的に解説しますが、2つの機能をサックリまとめると以下の表になります。投稿内容にあわせて適切に使いわけられるようになりましょう。

	メッセージ配信	タイムライン投稿
プッシュ通知	ある	なし
従量課金対象	ある（無料は1,000通まで）	なし
共有機能	なし	ある
テキスト文字数	500文字（ただし一度に3通送れる）	10,000文字
投稿内容	新着情報やキャンペーンなど、すぐにお知らせをしたいもの 上記の予告	メッセージ配信と同じ投稿 メッセージ配信に追加したい情報 緊急度は低いがためになる情報
投稿回数	週1回～2回程度	毎日でもOK
投稿時間	見込み客がよく見る時間帯 ※朝早すぎる、夜遅すぎるのはNG	見込み客がよく見る時間帯

相手にメッセージを強く伝える「メッセージ配信」

「メッセージ配信」で送ると、お客さまは、あなたが日ごろ友だちからLINEでメッセージを受けとるのと同じように閲覧できます。つまり、LINEに通知が送られて、トーク画面から閲覧できる配信方法です。

ほかにもメッセージ配信は以下のような特徴があります。

- ・あなたのアカウントに友だち登録してくれた全員に配信される
- ・受けとり側の設定によってはスマホに「プッシュ通知」される
  →より開封率が高まることが期待できる
- ・無料で使えるメッセージ配信数は1ヶ月1000通まで
- ・一度に3通送れるが、テキストは500文字まで

つまり、メッセージ配信をひと言でまとめると、

「必ず伝えたい情報を相手に直接知らせる、強力な配信」

といえるでしょう。たとえば「モニター募集中です！」「クーポン発行しました！」など、集客に直接つながる内容を投稿することをおすすめします。

ただし、LINEを使う方なら経験があると思いますが、企業やお店から1日に何通も送られたりすると、受信側はブロックをしたり、通知をオフにしたりしてしまいます。配信頻度、配信時間に気をつけましょう。

メッセージ配信は、次の手順で配信します。

① 「ホーム」から「メッセージを配信する」→「追加」をタップ

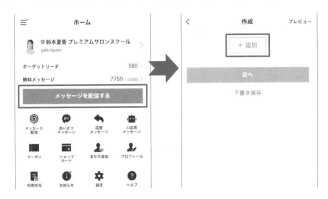

② さまざまな配信スタイルが表示される

　→一度に3つ項目を選べる。選択した項目は同時に配信される

③ 配信スタイルの中から「テキスト」をタップし、テキストを入力

　→一度に入力できるのは500文字まで（スマホで閲覧したとき、おおよそ1画面に表示される文字量）

④ 「追加」をタップすると、再び配信スタイルが表示されるので、同時配信したい項目を選択して入力する

⑤ 配信したい内容が入力し終わったら、「次へ」をタップする

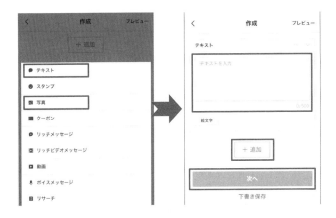

⑥ メッセージ設定画面の「配信予約」をオンにして配信時間を予約設定する

→すぐに送りたいなら、オフにする

⑦「テスト配信」をタップする。「自分のみ」が選択されていることを確認して「配信」をタップする

→一度配信したらいっさい取り消せないので、かならずテスト配信をする

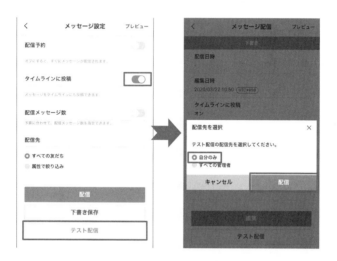

⑧ LINE にテスト配信が届くので「スマホでの見やすさ」「誤字脱字」などを確認する

⑨テスト配信で問題がなければ LINE 公式アカウントのアプリに戻り、緑の「配信」ボタンをタップする

拡散を期待できる「タイムライン投稿」

通常の LINE アプリの下メニューから「タイムライン（時計のアイコン）」をタップすると、次の図のように、登録した友だちの投稿を見ることができます。

サロン名を変更しました😄

知らなかったのですが
今日は、宇宙の元旦
（ちょっと意味が？？）
らしいです。
狙って、今日に
した訳ではありません😄😄

という事で
変更キャンペーン実施中です＾＾
詳しくは↓↓↓こちらで😄😄

☺ 💬 ⬆️　　　　　　　😆😆 5

🕐3/20 21:01

　このタイムライン投稿は、さきほどのメッセージ配信と違い、プッシュ通知されません。ただし、配信制限はなく1投稿につき10000文字まで入力できるので、よりくわしい内容を配信できるのです。

　そして、メッセージ配信にはない、タイムラインの最大の特徴が「共有機能」です。タイムラインでは見知らぬユーザーの投稿が表示されて、そこに「○○さんがこの投稿を気に入っています」とつくことがあります。これは、LINE上であなたの友だちである○○さんが「○○さんの友だち」の投稿にリアクションしたということです。

　これはビジネスでおおいに活用できます。たとえば、あなたが LINE 公式アカウントでタイムライン投稿をして「友だち登録済み」の見込み客にリアクションしてもらえれば、まだ友だち登録いただいていない方にも拡散できるのです。この「共有機能がある」「長文入力できる」の特徴を活かして、タイムライン投稿ではいま行っているキャンペーンの詳細や、あなたがブログで書いた記事など「拡散してほしい事柄のくわしい内容」を投稿してみましょう！

　ただし、拡散されるためには、ユーザーが「いいね」をする際に「タイムラインにシェア」がオンにして、リアクションする必要があります。これはあなたが自由に設定できるものではありませんので、ご注意ください。

　タイムライン投稿は、以下の手順で配信します。

① LINE 公式アカウントアプリで「タイムライン」をタップすると「タイムライン投稿」が表示される
②右上の「作成」→「内容」欄の下矢印をタップして、投稿のスタイルを選ぶ
　→タイムライン投稿に写真を投稿すると、プロフィール画面にも掲載されるので、「写真」を投稿することをおすすめします

③投稿内容を入力し、入力が終わったら「次へ」をタップ

④「投稿」をタップしたら、タイムライン投稿される

　ちなみに、前項の「メッセージ配信」時にも、メッセージ配信と同じ内容をタイムラインに投稿できます。ただし1つの項目を選択しているときだけ、反映されます。

お客さまへの最初のアプローチ「あいさつ設定機能」

　あいさつメッセージとは、友だち登録していただいた直後に送るメッセージのことです。登録した側からすると、あいさつメッセージが「このLINEアカウントは自分にとって役立つかどうか？」を判断する材料になります。

　たとえば、売りこみや宣伝ばかりの長文、逆に標準設定のままなど味気ない文章などを送ってしまうと、登録した側が「有益ではない」と判断してしまい「通知オフ」や「ブロック」をしてしまうのです。

▼LINEにあらかじめ設定されている友だち追加時あいさつ文

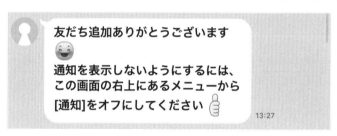

　具体的なあいさつ文の内容は212ページで説明しますので、まずは以下の設定方法をおさえましょう。

> ①LINE公式アカウントアプリで「ホーム」→「あいさつメッセージ」をタップ
> ②「テキスト」にあいさつ文を入力
> ③「保存」をタップ

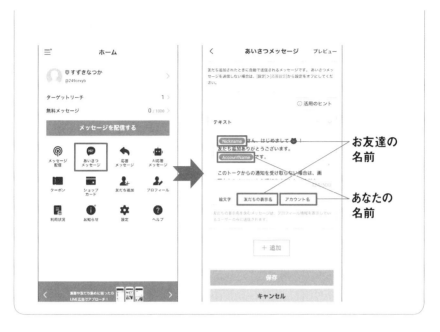

②であいさつ文を作成する際、ぜひ活用してほしいのが「アカウント名」「友だちの表示名」です。

これらをあいさつ文入力中にタップして差しこむと、それぞれ「あなたのLINEのアカウント名」「あいさつ文を受けとった友だちの名前」が自動で表示されます。入力の手間をなくすおすすめの機能です。

特に「友だち表示名」は積極的に活用しましょう。メッセージを受けとった見込み客にとっては、「友だち表示名」に自分の名前が表示されます。自分に向けてメッセージを作成していると感じて、あなたのLINEの配信を気にするようになります。

お客さまとより密な関係性を築く「チャット機能」

LINE公式アカウントの活用に欠かせないもう1つ重要な機能。それは「チャット機能」です。

LINE公式アカウントは、ただ友だち登録されただけでは「だれが登録したのか」という情報がわかりません。登録してくれた方からメッセージ

を送ってもらって、はじめてアカウント名やアイコン画像などのプロフィール情報が判明し、1対1のやりとり（チャット）ができるのです。

　チャットは「見込み客と直接やりとりができる」機能です。つまり、

・アンケートやキャンペーンの告知をいち早く見込み客に送る
・お得な情報をその方にだけ送る

などをすることで、より濃い関係性を築くことができるようになります。

　1対1でのチャットのやりとりは、1人ひとりの個別対応なので、全体配信より手間がかかりますね。しかし、より見込み客と距離が縮まるので「そのうち客」が「いますぐ客」にすることが期待できるでしょう。

　また、無料の範囲でメッセージを配信すると1ヶ月1000通までですが、個別チャットはその数に入らないのも魅力の1つです。

　それでは、個別でチャットができるようにするためにはどうすればいいでしょうか？

　たとえば、以下のようなアンケートを全体配信することが考えられます。

足と頭、どちらが疲れていますか？
LINEで回答を送っていただければ、特別なご案内をしますね！

　このとき「チャット機能」をオンにすれば、アンケートの回答を送ってくれた方とは1対1のやりとりができます。

　さらに、回答にあわせて以下のようなメッセージを送れば、見込み客は「自分に向けてメッセージを作成している」と感じ、あなたの配信を意識するようになっていきます。

アンケートに答えていただいてありがとうございます！　足とお答えいただいたので、通常施術のご予約をいただければ10分無料のリフレクソ

ロジーをプレゼントさせていただきます！　○日までにご来店いただけ
れば有効です。ぜひこちらの LINE でお気軽にご予約ください

　このように、集客で効果的に使える「チャット機能」ですが、なにも設
定せず放置したままだと「Bot」のままになっていて、1 対 1 でやりとりが
できません。オフのままにしているのはもったいないですね。チャット機
能を「有効」に設定しましょう。

「ホーム」の「設定」→「応答」→「応答モード」→「チャット」の順に
タップ

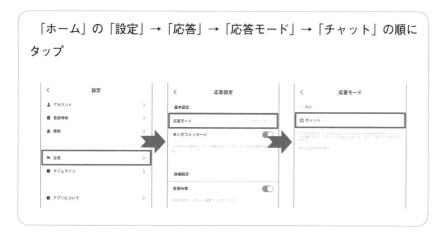

　チャットは、通常の LINE のように通知されてやりとりすることができ
ます。トーク画面も LINE とあまり違いがなく使いやすくなっていますし、
スタンプや画像なども送れます。
　ただし、通常の LINE と違い、一度送ったメッセージはいっさい削除で
きませんので、慎重に送りましょう！

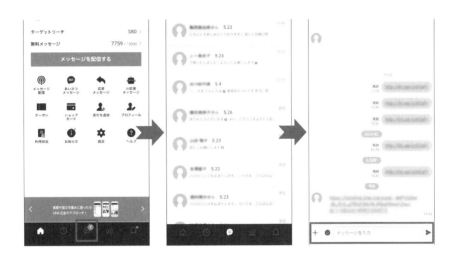

LINE 投稿でくれぐれもおさえておきたい注意点

　メッセージ配信・タイムライン投稿・チャットなどの配信の注意点をお伝えします。

●見込み客からの見え方（メッセージ配信・チャット）

「テキストの冒頭タイトル」「写真を送る順番」この２つが大事です。

　LINEでメッセージが送られてきたときに、見込み客は「トーク」画面を必ず見るはず。そのとき、メッセージの冒頭がトーク画面に表記されますので、思わず開封したくなるようなタイトルが必要です。

　また、写真とテキストを同時に配信するとき、テキスト→写真という順番でメッセージ配信をしてしまうと、下図のように「○○が写真を送信しました」という表記になってしまいます。プライベートの友だちではないヒトの写真は、好んで見ようと思いませんよね。開封率が下がってしまうので、写真を最後に送らないように注意しましょう。

タイトルは魅力的に！

**最後に写真を送ると
「〇〇が写真を送信しました」
になり、開封率が悪くなる**

●スマホからの読みやすさ（すべての配信に共通）

　せっかく送った配信が見づらいと、続きを読む気が失せてしまいますね。

　そうなると、このLINEは受けとる価値がないと思われてしまい、通知オフやブロックをされる可能性が高くなります。たとえば、次の2つを見比べてみましょう。どちらが読みやすいでしょうか？

<table>
<tr>
<td>

🧑 **鈴木夏香 プレミアムサロンスクール**

＜3日間限定＞小さなサロンでHPより大切なこととは？
LINEで予告していましたが、今日から3日間限定のお知らせがありますので最後までお読みください^^
わたしは、大学卒業して、副業でサプリメントの販売をしたのですが、その時、「コピーのチカラ」をものすごく感じました。ちょっと文面を変えるだけでどんどんサプリが売れていくからです・・！！個人でネットショップをやっていたのですが、
なんと多い時は30個も売れていたことが（汗）
商品の名前はもともとあるのですがその名前の前に、キャッチーな文言をいれるだけでドンドン売れる！！
でも裏を返せば・・・人を騙すこともできてしまうのがコピーの怖いところですよね。
先日もHP業者へ100万も支払ったのに1年以上も集客ができないというお悩みの方が(T_T)^
HP業者のキャッチコピーに魅了されたのですよね。
よいも悪いもコピーの力をつけなくては集客はできないのが現実です。たとえば、「サロンのホームページ」を持つということはお店を持つことと同じくらい重要ではありません。でも、「時期」「タイミング」が大事なのです。
無料でやれることをやりリサーチをしてコンセプトと

</td>
<td>

🧑 **鈴木夏香 プレミアムサロンスクール**

＜3日間限定＞小さなサロンでHPより大切なことは❓

LINEで予告していましたが、
今日から3日間限定のお知らせがありますので
最後までお読みください 😊

わたしは、
大学卒業して、副業で
サプリメントの販売をしたのですが、
その時、「コピーのチカラ 🔥」をものすごく感じました。

ちょっと文面を変えるだけで
どんどんサプリが売れていくからです・・！！
^^^^^^^^^^^^^^^^^^^^^^^^^^^^^^^^^^^^

個人でネットショップをやっていたのですが、
なんと多い時は30個も売れていたことが ❄ ❄

</td>
</tr>
</table>

　おそらく右側のほうが読みやすいのではないでしょうか。メッセージを作るときには、次の3点を意識するとスマホで見やすくなります。

・1文を短めにする

・改行をいれて空白を開ける

・絵文字を適度に入れる

●投稿頻度・時間（すべての配信に共通）

メッセージ配信は投稿の回数と時間に気をつかわなくてはなりません。

メッセージ配信を受けとると通知が送られるので、毎日何度も送ったり、深夜1時〜朝5時など非常識な時間に送ったりするのはNGです。タイムラインは通知が送られないので、メッセージ配信より気を使わなくても大丈夫です。しかし、いずれにしても見込み客が見ている時間帯に送るのがおすすめです。

	メッセージ配信	タイムライン投稿
投稿回数	週1〜2回程度	毎日でもOK
投稿時間	見込み客がよく見る時間帯（朝早すぎる、夜遅すぎるのはNG）	見込み客がよく見る時間帯

4-4 「新規の方」にアプローチしてご来店いただく

申し込みまでつなげる流れをおさえよう

LINE は「ブログを見た方が予約や問い合わせをする」ときに便利なツールですが、それだけではありません。「見込み客を集める」ことにも使えるツールなのです。Facebook やブログにあなたの LINE 友だち登録のリンクを貼り、見込み客を集めましょう！

見込み客を集めておいて、LINE でメッセージ配信やタイムライン投稿をすることで、少しずつ「価値の教育」をして、お申し込みいただくという流れをつくっていきます。まとめると、以下のような流れになります。

①Facebookでブログや特典を提示し、誘導
②設定したあいさつ文でメッセージを送る
③Facebookやブログ、LINEで予告をする
④キャンペーンやモニターを募集する

それでは、具体的にどのようにアプローチしていけばいいのか、見ていきましょう。

「特典」でLINEに誘導する

単純に「LINE 登録をしてください！」と告知するだけでは、友だちの数は伸びません。友だち登録の「メリット」を伝えることで数を増やしていきます。それが「特典」です。

特典といっても、LINE に備わっている「クーポン機能」を使わなくてもまったくかまいません。たとえば、

「LINE 友だち追加で初回 20％オフします！」
「LINE 友だち追加で 1000 円クーポン差しあげます！」
「LINE 友だち追加でタロット 1 枚引き無料プレゼント！」
「LINE 友だち追加で彼とグッと距離が縮まるトーク集をプレゼント♪」

　このようにブログや Facebook で告知をすると、LINE への登録をしてもらえる確率がグッと上がります。
　あわせて、LINE で友だち追加してもらう URL を取得しておきましょう。以下の手順で取得し告知に貼っておきます。

> ホームの「友だち追加」→「URL」の順にタップ

最初の「あいさつメッセージ」が肝心

　友だち登録していただいた見込み客への、一番はじめのアプローチとして、204 ページで紹介した「あいさつメッセージ」がとても重要です。
　さきほどの告知を通じて友だち追加した見込み客は、特典目当てで登録はしているので、すぐにブロックをされることはありません。しかし、あなたに期待して LINE を登録しているので、発信内容を見続けてもらうためにも、その期待をさらにアップさせましょう。

　それでは、どのような友だち追加時のあいさつがいいのでしょうか？

　下記のようなかんたんな文章で大丈夫です。

> なつさん
> 友だち登録ありがとうございます ^^
> ○○サロンの鈴木です。

お得なサービスもお知らせしていきますので、今後ともよろしくお願いします ^^

お友だちになっていただいたお礼として、
次回の施術のときに、ヘッドケアを 10 分無料でさせていただきますね ^^
クーポンご使用の旨お知らせください。ご予約お待ちしております。

アメブロ
https://ameblo.jp/aromasalon- ○○

ホームページ
https:// ○○ /

　さらに工夫をするなら「キーワード送信をしてもらうことで、特典 GET できる」という流れにするのもいいでしょう。キーワードを送ってもらうことでチャットのやりとりができるようになります。

なつさん
友だち登録ありがとうございます ^^
○○サロンの鈴木です。

2000 円 OFF クーポンを GET していただきたいのですが、ぜひ「特典」というキーワードを送って頂けないでしょうか？
キーワードを確認し次第、特典を差しあげます ^^ ！

送っていただいた方には、さらに 10 分無料サービスもおつけしますので、ぜひ送ってくださいね＾＾

アメブロ

https://ameblo.jp/aromasalon- ○○

ホームページ
https:// ○○ /

　また「①○○と②△△のクーポンのいずれかを差しあげます。番号でお答えください。」といったように、選べるクーポンを作るのもいいでしょう。相手とチャットができるようになるのと同時に「どのクーポンが人気なのか」リサーチできます。今後のメニューの立案やビジネスの企画に活かしましょう！

　ほかにも、以下の点を意識しましょう。

●分量

　スマホでスクロールせずに１画面で読めることが理想です。スクロールさせると「めんどう」「長い」とおもわれてしまい、通知オフやブロックされる確率が高まってしまいます。

●ブログやホームページのリンク

　LINEだけの情報だと不足しているため、追加時に「これだけは見てほしいリンク」を貼り、ためになる情報をお届けするのもおすすめです。

募集前の「予告」をお忘れなく

「モニターや体験セッションをメッセージ配信しよう！」

　その前に、ぜひ直接募集する際は一度「予告」しましょう。Facebookの章で映画の宣伝を例にしましたが、いきなり募集しても、なかなか集客はできません。予告をすることで、見込み客の期待が高まります。

　こちらの事例をご覧ください。こちらは予告の投稿になります。テキス

トのみで1スクロール程度で内容がわかるようになっています。メッセージ配信の内容はタイムラインと同時投稿ができますので、まったく同じでかまいません。

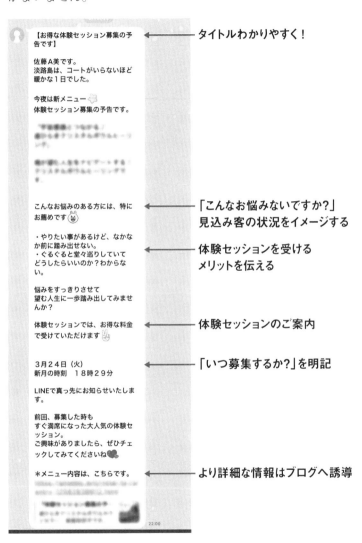

タイトルわかりやすく！

「こんなお悩みないですか?」
見込み客の状況をイメージする

体験セッションを受ける
メリットを伝える

体験セッションのご案内

「いつ募集するか?」を明記

より詳細な情報はブログへ誘導

また「○○の体験セッション、初回体験は、LINE で○月○日○時に募集をするので、あらかじめ LINE へ登録をしておいてください」ということを Facebook やブログへ投稿をすることで、LINE の友だちが増える可能性が高くなります。

■ メッセージ配信とタイムライン投稿、どちらからも募集する

　それでは募集を開始しましょう！　次の図の例では、「画像＋テキスト」で送っています。こちらも 1 スクロールの分量を目指します。

　メッセージ配信はタイムライン配信とまったく同じ内容で、同時配信にしてかまいません。タイムラインは無料プランでも何度も投稿ができますし通知も届かないので、募集以外にも、毎日投稿するといいでしょう。

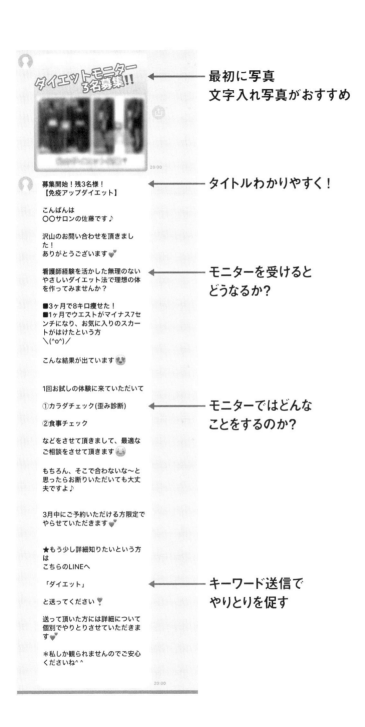

最初に**写真**
文字入れ写真がおすすめ

タイトルわかりやすく！

モニターを受けると
どうなるか?

モニターではどんな
ことをするのか?

キーワード送信で
やりとりを促す

4-5 「一度購入いただいた方」 をリピーターにする秘訣

LINE は購買頻度、来店回数を増やす強力なツール

　ここからは、既存のお客さまや、はじめてサービスを購入してくれたお客さまへの LINE の使い方について伝えていきます。

　LINE 公式アカウントは、じつは新規集客をするためのツールと言うよりも、一度来店いただいた方が、また来ていただくための役割のほうが大きいです。Facebook などと比べると、拡散機能が少ないことと、シェアをする文化が LINE ユーザーにはあまりないからです（今後は変わる可能性もありますが)。

　また、LINE はプライベートな友人、家族とやりとりをするというイメージがたいへん根強いツールです。そこで、チャット機能を有効にし、1 対 1 でトークができるようにしましょうと前述しましたね。この機能は一度会ったことがあるお客さまとやりとりし、深く関係性を築くことで、あなたのサービスを購入する間隔を狭めることに役立つのです。

　よって、チャット機能を活かしてサービスを購入してくれた方と、すぐにつながれるしくみを作りましょう。メールよりも LINE でつながるほうが、連絡しやすいですし、お客さまも LINE のトークをよく見てくれます。

　来店後の一連の流れは以下のとおりです。

①下準備としてリピーター用アカウントを作成する
②Aさんがご来店
③Aさんがリピーター用LINEへ登録
④Aさん来店後に、フォローのLINEを送る（チャット機能）

⑤Aさんが予約をあらかじめ入れている場合は、予約前にフォロー—LINE
を送る（チャット機能）

リピーターと新規で2つアカウントを使いわける

「LINEで持てるアカウントは1つじゃないの？」と思われたかもしれません。

じつはLINE公式アカウントは複数のアカウントを持つことができるのです。最終的には、新規用とリピーター用でアカウントをわけて運用することをおすすめします。

使いわけるメリットは、投稿を新規用・リピーター用とわけて送ることができること。新規の方へ送る内容と、リピーターへ送る内容が違うときがあります。たとえば「新規ご来店で2000円OFF！」というキャンペーンは、リピーターさんにとっては無関係な内容ですね。こういった内容が月に1回送られてくるくらいなら、気にならないかもしれませんが、週に1回以上送られてきたら、いかがでしょうか？
「自分には関係ない内容」と思われてしまえば、LINEを見なくなりますし、最悪の場合は通知オフやブロックされてしまいます。

またLINEの友だちが増えていくと、無料で使える月1000通の配信はすぐに使ってしまいます。そこで、新規とリピーターとアカウントをわければ、アカウントごとにそれぞれ1000通まで無料で使えますし、配信数もおさえることができるのでおすすめです。

ですが、まだビジネス初心者の方やLINE公式アカウントをはじめて利用する方は、1つのアカウントをしっかり運用してください。機能にだんだんと慣れてきたら、複数アカウントを持つことを視野にいれましょう。

来店したお客さまに LINE 登録をお願いする

　ご来店いただくビジネスの場合は、LINE 公式アカウントの QR コードをスマホやタブレットに保存します。

　それを来店したお客さまにすぐに見せて登録をしてもらいましょう。サロン系や店舗型のビジネスであれば、あらかじめ印刷をして店内のところに貼っておくと便利です。

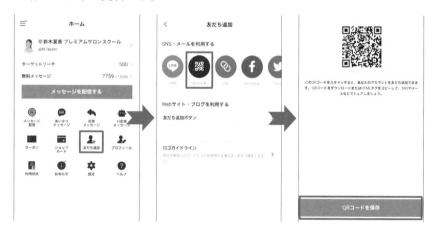

　また、さきほどのリピーター用のアカウントをあらたにご登録いただく場合は、新規のお客さま用の LINE 公式アカウントを削除してもらったり、ブロックしてもらったりするといいでしょう。

LINE 登録のメリットをしっかり伝える

「LINE のお客さま限定のキャンペーンがあります。」
「予約も LINE でいただくとすぐに確認ができます。」

　などのように、お客さまにとってのメリットを伝えるようにしてください。さらに、

「メッセージ配信は週に１〜２回程度なのですが、ホーム投稿はほぼ毎日投稿していますので、ぜひご覧くださいね」

とお伝えするといいでしょう。ホーム投稿、つまりタイムラインを見ることに慣れていない方や、そもそもその存在をあまり知らない方が多いためです。こちらとしても、タイムラインを見ていただいたほうが、以下のメリットにつながります。

・タイムライン投稿の配信数には制限がないので、メッセージ配信を節約できる
・タイムライン投稿の共有機能で、拡散が期待できる

登録後フォローの投稿をする

前節では、まだ会ったことがない見込み客への投稿についてお伝えしました。ここでは一度会った方をリピーターにする投稿について、お伝えしましょう。

一度ご来店いただいている方なので「どんなお悩みをお持ちなのか？」はリサーチ済みのはず。そこで、より役立つ情報をお届けしたり、リピーターさまだけ限定のキャンペーンを配信したりします。

	新規	リピーター
投稿内容	キャンペーン モニター募集	お役立ち情報 お得意さま限定キャンペーン １対１で個別やりとり

そのときに、以下の５点をふくめるように意識して、チャットを送ってください。

・購入時のお客さまの状況

・気をつけてほしいこと（動画があれば動画も送るといいです）
・「ホーム投稿」を見てほしいということ
・リピーターさま限定LINEであること
・次回予約のご案内

これらを意識すると、以下のような文が考えられると思います。

○○さん
こんにちは。鈴木夏香です。

今日は当サロンまでお越しいただきありがとうございます ^^
○○さんのお悩みは○○でしたが、施術後いかがでしょうか？

今日はお水を多めに飲んで頂き、できれば早くお休みくださいませ。

明日には○○な状態になっていると思います。
もし違和感などがありましたら遠慮なくご連絡くださいませ。

こちらはリピーターさま限定の LINE になります。
こちらの LINE の右上にある２番めのアイコン、
四角い囲みの中に横３本線があるアイコンがありますよね？
そこをタップいただくと、当サロンのホーム投稿が見られます。

こちらではメッセージ配信をしないオトクな情報や
お役立ち情報を掲載していますので、ときおり気にしてみていただけたらうれしいです！

おおよそ毎日○時位にホーム投稿をしています ^^
メッセージ配信ではしつこく送ることはいたしませんのでご安心ください。

次回のご予約は○月○日（水）14時〜となっております。

それまでに○○といったセルフケアをやってみてくださいね ^^

全然違ってくると思いますよ♪

セルフケア動画をお送りしますのでぜひご覧ください ^^

ぜひ○○さまと次回お会いできるのを楽しみにしています！

4-6 どんなお客さまでも対応！ 4つの「申し込みルート」

申し込みツールは見込み客が「選べる」ようにする

　ここまで、LINE 公式アカウントの申し込みについてご説明してきました。

　しかし、LINE を使うユーザー数は増えていても、全員がアプリを持っているわけではありません。それでは、アプリを持っていない方も申し込みするには、どうすればいいでしょうか？

　そこで、LINE 公式アカウント以外に、以下の3つもブログに掲載しましょう。

　・メールアドレス
　・電話番号
　・申し込みフォーム

　この3つのうちいずれかを用意するのではなくて、「LINE 公式アカウントを含めて4つすべて」用意してブログに設置するのがおすすめです。

　メールはほとんどの方が持ってはいますが、日ごろ使っていない方もいます。電話もいまは SNS で通話できるサービスがありますね。申し込みフォームは、ビジネスを提供する側にとっては一度に情報が入ってくるのでメリットは大きいものの「いちいち入力するのはめんどう……」と感じる方だっているでしょう。

　そこで、見込み客が申し込みする手段を「選べる」ことが重要なのです。申し込みや連絡ツールが増えることで間口が広がるので、4つすべてをブログに載せるようにしましょう。

申し込み ツール	おすすめ度	メリット	デメリット
LINE公式 アカウント	★★★★★	気軽に申し込みしやすいので 連絡を取りやすい 既読がわかるので連絡がしやすい	ニックネーム登録が多いので 実名がわからない
電話	★★★★☆	急な申し込みが入りやすい ショートメールが送れる	電話対応に不慣れだととっさに 質問をすることができない
メール	★★☆☆☆	LINEを持っていない人への 連絡手段になる	メールアドレスの入力がめんどう 既読になったか判断できない
申し込み フォーム	★★★★☆	LINEを持っていない人への 連絡手段になる必要な情報が 一度に入る	入力に手間がかかる

「メール」で宣伝するときには要注意

メールは LINE と同じように、以下 2 つの目的で使うことができます。

・Facebookやブログで宣伝したセッションなどの「申し込み窓口」
・来店前のやりとりやサービス提供後のフォローで「新規・リピーターを集客」

ただし、メールアドレスを取得するときに、1 点注意があります。「特定電子メール法」という、メールを送る相手の許可がないと商品宣伝ができない法律があります。よって、メールはあくまでも「お申し込みの連絡をするための手段」として取り扱わなければなりません。取得したメールアドレスをあなたのビジネスの宣伝に使うことは避けましょう。もし、キャンペーンなどを送りたい場合は、ホームページやブログに「プライバイシーポリシー」を記載しておきましょう。

また、プライベートのメールアドレスとは別に、ビジネス用のメールアドレスも取得することをおすすめします。たとえば、Google アカウントを

複数作ることで、メールアドレス（Gmail）を複数持つことができます。ビジネス用のアカウントを取得しそのメールアドレスを公表するようにしましょう。

┃「電話」は突然かかってきても 適切に対応できるようにしよう

　電話の役割は「申し込み窓口」であることがほとんどです。スマホやパソコン操作が苦手な方は、電話でお問い合わせや予約をします。また緊急性の高い相談は電話で対応をするケースが多いです。

　しかし、電話対応は慣れていないと、適切にお客さまの状況を把握できません。まちがったことを伝えないように、以下のようにあらかじめ予約対応・クレーム対応の電話対応マニュアルを作っておくことをおすすめします。

> ２コール以内に出る
>
> あなた「お電話ありがとうございます！　◎◎です。」
> お客さま「予約をしたいのですが・・」
> あなた「ありがとうございます！　ご希望のご予約日はございますか？」
> お客さま「はい、○月○日の 14 時からは空いていますか？」
>
> ～（中略）～
>
> あなた「ありがとうございます！　では、お客さまの情報をいくつか教えていただきたいのですがよろしいでしょうか？」
> お客さま「はい、大丈夫です。」
>
> ～（中略）～

あなた「では、注意事項を申しあげます。△△の場合は施術を受けることができませんので、ご了承ください。なお、最後にキャンセル規定をお伝えさせていただきます。当店の場合は当日キャンセルは○○となりますので、かならず前日の○時までにご連絡くださいませ。」

　お客さま「はい、わかりました！」

　あなた「いまの時点でなにかご不明なことはございますか？」

　お客さま「ないです。」

　あなた「かしこまりました！　では○月○日○曜日の14時となります。10分前からご入室可能となりますので、どうぞよろしくおねがいします。お待ちしています！」

　また、電話の際はメモを必ずとり、お客さまから聞き出す項目をあらかじめテンプレートとして用意しておくのもいいでしょう。

　・お客さまのお名前
　・お電話番号
　・予約日時
　・メニュー名
　・当店を知ったキッカケ
　・場所を伝えたか？
　・キャンセル規定を伝えたか？
　・そのほか気づいたことは？

　ただし、「プライベートな電話番号をネット上に公表するのは避けたい……」という方もいらっしゃるでしょう。そこで「050アプリ（IP電話）」を使ってビジネス用の電話番号を作ることをおすすめします。050アプリとは、ネット回線を利用して音声通信するシステムのこと。通話料はかかりますが、電話加入権は必要なく、パソコンやスマホがあればできるたいへん便利な機能です。これで、プライベートの電話番号を公表したり、わざ

わざもう1台スマホを用意したりしなくても、電話番号を公表できますね。

App Store や Google Play で「050」と検索をして料金やサービスを比較して選んでみてください。ただし、050アプリはショートメールを送ることはできませんので注意が必要です。

「申し込みフォーム」は必須項目を絞りこむことがポイント

「申し込みフォーム」とは、名前や電話番号、住所などを入力するフォームのことです。たとえば、Amazonなどのネットショップで購入をした経験を思い出してください。購入したい商品があれば、「カートに入れる」をクリックすると、名前や電話番号、住所などの項目を入れる画面がでてきますよね？

これをあなたのブログに設置することで、メールアドレスや電話番号を入手し、お客さまとのやりとりができるようになります。

「設置するのは難しそう……」

と思うかもしれませんが、フォームはかんたんに作成することができます！　無料でかんたんに、しかもスマホで作成できるサービスとして「フォームズ」をおすすめします。

・フォームズ

https://www.formzu.com/

フォーム作成のポイントは「入力項目」がもっとも重要です。

まず、かならず入力してもらう必要のある項目（必須項目）を考えましょう。大切なことは、いまこの時点で必要なことだけを、必須項目にすると

いうことです。いまはスマホで申し込みや予約をするのがあたりまえ。小さな画面で必須の入力項目が多いと、それだけでめんどうだと思われて申し込みしないケースもあるのです。

どのビジネスも、おそらく以下３つは必須項目となるでしょう。

・お名前
・メールアドレス
・電話番号

この３つは連絡をとるための手段です。メールアドレスだけにしている方も多いですが、入力をまちがえる方もいるので、電話番号があると安心ですね。

「住所」や「生年月日」はサービスによって必須項目か決まります。物を届けるために住所が必須だったり、占い鑑定するために生年月日が必要だったりする場合は必須項目ですね。そうでない場合は、この時点で聞かなくてもいい項目なので、なるべくここは入力の手間を省くほうを優先しましょう。

必須項目を考えたあとに必須ではない項目も設定します。目安としては全体で７項目ぐらいで１スクロールに収まります。

🖫 入力内容保存／読込

メールフォーム

こちらからメッセージをお送りください。

お名前 必須

メールアドレス 必須

確認用

電話番号 必須

-　-

ご希望メニュー

◻アロマボディ
◻フェイシャル
◻アロマボディフェイシャル
◻来店してから決めたい

第1希望

月　日　時　分

第2希望

メッセージ

内容確認画面へ

第5章

さらっとセールスして
一生涯のお客さまにする

5-1 お客さまと向きあう前に身につけたいマインド

セールスでガッチリお客さまを惹きつける

　せっかく苦労してご来店くださったお客さまが1回きりのおためし体験で終わってしまったら……。売り上げもなかなか上がらないですし、常に集客をし続けなくてはいけません。ビジネスとして経営を安定させるためには、

　「しっかりセールスをして長くお客さまに来ていただくこと」

が大切です。対面でもオンラインでもお客さまと「会話」して、セールスをする流れとやり方を押さえましょう。

　セールスはお客さまのお悩みがより理解でき、お客さまが得たい未来がわかります。それがわかると次回のご提案がしやすくなります。お客さまから「あなたのサービスを受け続けたい」と思っていただき一生涯のお客さまを作ることも夢ではありません！

　ただし、ネット上で完結してしまうようなビジネス（たとえばアクセサリーやお菓子などの物販）は、お客さまと直接話してセールスすることはほとんどないでしょう。

　より購入頻度を高めていただくためには、4章の218ページを参考にしてください。

セールストーク最大のポイントは「質問」

　セールスで大事なことは、お客さまへセールスをする前に「質問」をす

ることです。お客さまへ適切な質問ができなければ、セールスはできません。ですが、

「たくさん質問したら、尋問のように思われそうで怖い……」

と懸念される方がいます。ハッキリ申しあげると「適切な質問」さえすれば、お客さまは尋問と感じません。「質問していいのかな？　どうしよう……」と悩んでいる方は、お客さまとしっかり向きあうためのマインドが整っていないのです。

そこで、まずはお客さまに「適切な質問」をするために大切なマインドを２つお伝えしましょう。

①お客さまのことを知らないという前提に立つ
②お客さまのサポーターに徹する

この２つのマインドをセットしていきましょう！

セールストークで「憶測」はNG！

まず「お客さまのことを知らないという前提に立つ」というマインドは「勝手な憶測」を抱かないためです。

日本人は文字やコトバをあまり使わずとも、お互いの真意はわかるといった考え方が根強くあります。たしかにそれは日本人の良いところでもありますし、実際語らずともなんとなく理解しあえることはありますね。

ですが、ビジネスでは雰囲気やイメージで勝手に推測して対応して100％うまくいくことはありません。しっかりお客さまと会話をして、お客さまから発言してもらうことで誤解が減り、よりセールスしやすくなります。

たとえば「なんとなく不機嫌だな……」と感じるお客さまには質問しづらいものです。しかし実際に質問をしてお客さまに話してもらうと、見た

目の雰囲気と話す内容が違っていることがあります。適切な質問を投げかけるうちに、お客さまの心が解れて、たくさんの情報を伝えてくれるのです。

「見た目が〇〇」とも言われますが、見た目の雰囲気で勝手に察するのではなくて「私はお客さまのことを知らないんだ」というまっさらな気持ちで接しましょう。

「そうはいっても、威圧感を与える方とは接しにくい！」

そう思ったら「私は怖いと感じている」と心の中でコトバにしてみてください。自分の気持ちを吐き出すことで、冷静にお客さまと接することができます。そして、知らないという前提に立ったうえで「お客さまに興味を持つ！」という視点に変えましょう。

「なぜ、この方は私のビジネスに興味を持ったのか？　申し込みしてくれたのか？」

ということだけに集中してみてください。自分に興味を抱かれてイヤになる方はいませんし、わざわざネットから予約や申し込みをしてくれたということは「事実」。その事実に対して、あなたが興味を持ってみましょう。

お客さまの悩みを解決するために 対等な「サポーター」になる

ビジネス初心者の方も、ある程度ビジネスをしてきた方も「セールス」というのは大きな壁でしょう。私自身もそうでした。

「売りこみだと思われたくないな……」
「良いヒトでありたい……」

と思ってお客さまと雑談はできるけれども、適切な提案ができずモヤモヤとした時期が続いたことがあります。そこで、もう1つの「お客さまのサポーターに徹する」というマインドが必要になります。これは、お客さまにとってあなたは、「一緒にお客さまのゴールへ到達するパートナー」になりましょう、という意味です。

　お客さまにとってあなたは仲のいい友だちにも、良いヒトになる必要もありません。また、あなたとお客さまの立ち位置に上や下もありません。
　お客さまが上になってしまうと、「私はお客さまだから、あなたがなんとかしてよ」と自分でほとんど努力をしなくなってしまいます。1回の施術やトレーニング、カウンセリングで魔法のように劇的に変わることはむずかしいですよね。たとえ1回の施術で変化があったとしても、暴飲暴食をお客さまがしてしまったら結果は出ません。変わるためにはお客さまのがんばりも必要です。
　逆にあなたの立ち位置が上すぎると、お客さまに威圧感しか与えません。昭和の怖いお医者さんのような感じにあなたがなってしまうと、気軽に質問すらしてくれない関係性になり、お客さまのお悩みを聞き出すことが難しく、信頼関係も薄れていきます。

　お客さまとの理想の関係性は、あなたが「サポーター」という立ち位置です。ラグビーワールドカップや日本代表のサッカーをイメージしてみてください。選手とサポーターはほぼ同じ立ち位置で、サポーターは全力で選手を応援します。

　このようなマインドで挑むと、結果のためなら厳しいことも言えるようになりますし、信頼関係が構築されていきます。そして、お客さまは目指していた未来を得られるのです。

「サポーターマインド」で集客を加速させる

「サポーターマインド」でいることはお客さまとの信頼関係を構築できる、と説明しましたが、じつは集客にも役立てることができます。

サポーターマインドでいると、お客さまから「ここで悩んでいるんだな」「こういう結果がほしいんだな」などたくさんの情報をあなたの質問で聞き出すことができます。そのようにして蓄積された情報は、ぜひあなたのFacebookやブログに反映させましょう。

お客さまから聞き出した生の情報があなたのFacebookやブログに掲載されていれば、近い悩みを持った見込み客が「自分ゴト」として閲覧してくれるようになります。そして「もしかしたら、自分の悩みも解決してくれるかもしれない」と感じ申し込みへとつながります。

このような循環が起こることで、ますます集客しやすくなり、あなたのビジネスはどんどん加速していくのです。

▼サポーターマインドで正の循環を起こす

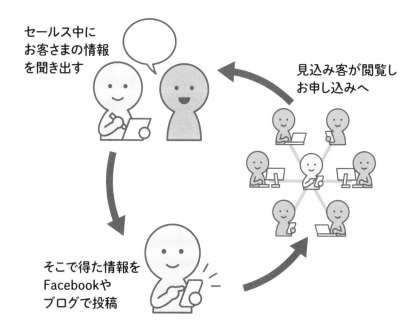

セールス中に
お客さまの情報
を聞き出す

見込み客が閲覧し
お申し込みへ

そこで得た情報を
Facebookや
ブログで投稿

5-2 売りこまないセールストーク 6つの型

セールスの流れは 「戦国時代の城攻め」

では、いよいよ具体的にセールストークに入っていきましょう。以下の6つの型がセールスの流れになります。

①ラポール（信頼構築）
②ヒアリング
③プレゼン
④仮クロージング
⑤お客さまとすりあわせ（サービスを受けている最中）
⑥クロージング（サービス終了後）

かんたんにまとめると「①〜④でお客さまの情報を取得して、⑤⑥で適切なセールスをする」という流れです。

この6つの型で特に重要なのが①〜④の「サービスを提供する事前カウンセリング」。なぜなら、この段階でお客さまはあなたのサービスを継続して購入するかどうかを、ほぼ決めてしまうからです。

お客さまの多くは、あなたを「プロ」として見ています。「プロ」だから、当然サービス内容はいいだろうと考え、お客さまは申し込みされたのです。そして、来店したお客さまはあなたのサービスで、

「自分が変われそうなのか？」
「よくなりそうなのか？」

「得たい未来は得られるのか?」

　を判断しに来ています。よって、サービスを受ける前にしっかりとお客さまのヒアリングをして、お悩みを聞き出します。お客さまが自分の悩みを打ち明けてくれる状態にするために①のラポールで信頼構築を作りだすことが重要です。

　そのうえで②のヒアリングで「お客さまがなにに悩み、なにを解決したいのか?」を聞ききりましょう。お客さまがあなたの質問に対して答えていくうちに、自分の悩みにはっきり気づくことができ「それを解決したい!」という気持ちになるのです。

　そこで③でお客さまの悩みを解決できるあなたのサービスをご提案し、④の仮クロージングをしていきます。

　大事なのは、お客さま自身が「ここならいいかも!」と思っていただくことなのです。あなたはその背中を押すだけ。①〜④をしっかり質問していけば、ほとんどの方はリピートしてくれます。ただし、①〜⑥のどれも欠けてはいけませんし、順番がちぐはぐになってもいけません。

　あるクライアントさんに「このセールスの流れは戦国時代の城攻めのようですね」と言われたことがあります。たしかに、城の周りから固めていって「もう出口がない、逃れられない」状況にするというのは似ているかもしれません。

「え、それってめちゃくちゃ売りこみするってこと!?」

　いえいえ、そうではありません。これは「お客さまの中でNOの選択肢がなくなり、YESしか選択肢がない!」という状況にするということです。

　そのために、お客さまと信頼関係をしっかり築き「あなたに任せます」という状態を作りあげましょう。

ラポール：短時間でお客さまと信頼関係を築くテクニック

「ラポール」とはなにかご存知でしょうか？　ラポールはフランス語で「橋を架ける」という意味で「自分と相手の間に信頼関係（＝橋）を構築する」という心理学用語です。

　このラポールが6つの型でもっとも大切になります。ラポールなしではその先に進めることはできませんし、話を進めたとしても、ほとんど聞いてはくれません。

　たとえば、あなたの恋人や家族が「これすごくいいんだよ！」と一生懸命伝えてきたら、まずは話だけでも聞こうかな、という気持ちになりますよね。このような状況を目指したいのですが、恋人や家族は元々信頼関係がある一方、はじめて話すお客さまとは短期間で信頼関係を築かなければなりません。

　逆に言えば、短時間でもしっかり信頼関係を築けていれば、セールスをしてもイヤがられずに購入していただける確率がグッと上がるのです。

　そのためのテクニックが「バックトラッキング」と「ペーシング」です。

●バックトラッキング

　バックトラッキングとは「おうむ返し」のこと。たとえば、

> お客さま「ここまで来るのに、汗をかいちゃいました」
> あなた　「汗をかいちゃったんですね」

というように、相手の言ったコトバをそのまま自分のコトバにして話すことです。バックトラッキングをすると、相手は自分の話をよく聞いてくれていると感じます。

　このバックトラッキングがとても上手なのが、明石家さんまさん。さんまさんは相手の話をしっかりよく聞いて相手のコトバを使ってバックト

ラッキングをしています。バラエティ番組で、さんまさんに質問をされた相手は気持ちよく話しているのをたくさん見かけますよね。

　さんまさんが長年司会者として活躍できているのは、このバックトラッキングのテクニックが秀逸だからとも言えます（もちろん、頭の回転の良さや博識なところなど、たくさんありますが）。あなたのセールストークの参考に、さんまさんのトーク番組を一度じっくりご覧ください。

　ただし、このバックトラッキングはかなり練習が必要になります。相手の話を集中して聞かなくてはいけませんし、バックトラッキングするタイミングが難しいのです。相手の会話をすべてバックトラッキングする必要はありません。さきほどの例のように、語尾や単語だけでもバックトラッキングするといいでしょう。

●ページング

　ペーシングは「相手の話のペースにあわせる」ことです。早口な方には早口で、ゆっくりめな方はゆっくりとしたペースで話をします。話のペースをあわせると、心地よく相手が話をしてくれます。うなづきや相槌のタイミングも相手にあわせてみてください。

　話のペースをあわせることはバックトラッキングと同じく練習が必要です。もともと自分のクセがあるので最初はとてもやりづらいと思います。これはバックトラッキングにも言えることですが、家族や友だちにバックトラッキングとペーシングを意識して話すなどして、ぜひ日常的に練習してみてください。

　以上のバックトラッキングとペーシングに共通することは、

「話を聞いてもらっている、と感じる状況を作る」

ということです。2つを組み合わせれば、お客さまが「ちゃんと話を聞いてくれるヒトだ」と思ってもらい、たくさんあなたに話をしてくれるでしょう。もしバックトラッキングとペーシングが難しいようであれば、お

客さまと最初に会ったときにこう伝えてください。

　・サロン系：「いらっしゃいませ。ここまで来るのに迷いませんでした
　　か？」
　・オンラインでのビジネス：「お時間いただきありがとうございます！
　　はじまるまで不安ではありませんでしたか？」

　このように少し会話することで、お客さまとの距離がグッと縮み、次の
「ヒアリング」がしやすくなります。

ヒアリング：サービスが提案しやすくなる7つのやりとり

　ヒアリングは「あと出しジャンケン」のようなものです。あまり聞こえ
はよくないかもしれませんが、お客さまがパーをだしたらこちらはチョキ
を出すように、まずお客さまの価値基準や現状のお悩み、なりたい未来な
どの情報を聞き出してから、あなたのサービスを説明するという手順です。
　よくやってしまいがちなのは、悩みを軽く聞いたあとすぐに「○○がお
すすめですよ！」と提案してしまうことです。これだと、ヒアリングが浅
いので「ホントにこのヒト私の悩みわかってくれているのかな？」と感じ
てしまい、一方的に売りこみされたという感覚になってしまいます。
　そうではなく、じっくりお客さまの現状を知る、ということが大切なの
です。情報はあればあるほど提案がしやすくなるので、以下の7つのやり
とりをしましょう。

①フレームを作る
　まっさきに伝えることは「そもそもなぜヒアリングをするのか？」とい
うことです。たとえば、以下のような声掛けをして、しっかり「YES」を
もらいましょう。

「では、これから○○さまにとって、**最善のサービスをさせていただきた**

いので、まず○○さまのことを教えていただいてもよろしいでしょう
か？」

②他比較（お客さまの価値基準を知る）

フレームを作ったあと、「お客さまの判断基準」を知りましょう。お客さ
まのサービスを選ぶ基準があらかじめわかれば、お客さまのイヤなことを
避けることができますし、逆に良いと思ったことを強くお伝えすることが
できますね。まずは、以下のように聞いてみましょう。

「これまでサロン（or 教室・カウンセリングなど）に通ったことはあり
ますか？」

これに対して、「似たサービスを受けたことがある」お客さまであれば
「なぜやめてしまったのか（or 続けられなかったのか）」をぜひ聞いてくだ
さい。

お客さまがどこでつまずくのかあらかじめわかっていれば対策できます
し、あなたのサービスで補うことができるのならば、そこがセールスポイ
ントになりお客さまに提案をしやすくなります。たとえば、「一度整体に
行ってよくなったけれど、忙しくなって辞めちゃったんだよね」というお
客さまなら、「あらかじめ予約を先まで入れておく」という提案もできるで
しょう。

「似たサービスを受けたことがない」お客さまであれば、少しカテゴリー
を大きくして聞いてみましょう。あなたが整体サロンであれば「マッサー
ジを受けたことはありますか」と聞いてもいいと思います。このように、
できるかぎりお客さまの価値基準を知るキッカケを作りましょう。

③決め手はなにか（今後のネット集客にも役立つ）

「なぜ、当サロンを選んでくれたのでしょうか？」

ということは必ず聞きましょう。お客さまがあなたのサービスに申し込んだ決め手は、今後の集客の参考になります。

ここで注意してほしいのは「ブログがよかった」などあいまいにしないことです。タブレットであなたのブログを見せて、「このブログのどこが良かったんでしょうか」と具体的に聞いてみてください。それは、あなたのプロフィールだったり、お客さまの声だったり、ヒトそれぞれかもしれません。ですが、このヒアリングを蓄積することで、今後のブログの構成に役立てることができます。

「検索エンジンで検索をしてきました」という方にも「どんなキーワードで来たのか」と必ず聞きましょう。お客さまが検索したそのキーワードを意識してブログ記事を書くなど、今後の効果的な集客戦略の1つになります。

④悩みを掘り下げ

ここで、はじめてお客さまのことについて聞きます。

カウンセリングシートがある方はカウンセリングシートに従いながらお客さまの悩みについて質問をしてみてください。

> 「ではさっそくですが○○さんのお悩みについて教えてください」
> 「こちらのお悩みはいつからですか？」
> 「どんなときに特に感じますか？」
> 「最大の痛みが10だとすると、いまはどれくらいですか？」

このように聞くことで、お客さまに悩みを感じるときのイメージを強く持っていただきます。そうすることで、悩みを改善しなければいけない、解決しなくてはいけない、という気持ちになってもらうのです。

⑤悩みを共有化

そして、お客さまが出していただいたお悩みをまとめていきます。

> 「その波がずっと続くとおつらいですよね」

といったように一度お悩みに対して共感しましょう。そして次に「期限」を決めることを提案します。

> 「いつまでにどうなりたいですか?」

といった質問を投げかけて、期限を決めることで、悩みを解決するゴールがはっきりしていきます。

⑥得たい未来を共有化

期限が定まったら、お客さまが悩みを解決したあとの未来を共有しましょう。

> 「もしその悩みが解決したらなにかやってみたいことはありますか?」
> 「そのお悩みが解決されるイメージはできますか?」

などの質問を投げかけて、お客さまが解決されたあとの未来を具体的に想像できるようにします。

単純に「悩みを解決する」ゴールだけではなかなか継続できないものです。そこで、解決後の未来をイメージすれば、お客さま自身が「悩みをちゃんと解決しよう」と考え、目標を高く持つモチベーションになります。

サービスを提供する側が「これはいい!」「やったほうがいい!」と言うと押しつけ感を抱いてしまいがちです。しかし、みずから「これはやらなくてはまずいかもしれない」と内発的に思っていただければ、サービス提供中以外のふとした日常の場面で思い出してもらえますし、結果を出そうと努力してくれます。

そして、お客さまがなりたい未来へグッと近づくことができるのです。

カウンセリングとは、そのサービスのときだけ「変わってほしい！」と思ってするものではありません。

「お客さまが日常に戻られたとき」

ここまで考えたカウンセリングをすることが大事なのです。

⑦まとめ

そして最後にお客さまのヒアリングの内容をまとめましょう。

> **「お客さまのお悩みは○○であり、○○までに解決したいということですね。そしてそれが解決されたらこのような未来を得たいということでよろしいですか？」**

お客さまが発したコトバを意識的に入れることが大切です。そうすることでお客さまが「自分の悩みを解決するべきだ」と感じて、より真剣に向きあっていただけるようになります。

プレゼン：プロとして「見立て」を伝えることを優先する

ヒアリングが完了したら、いよいよあなたがプロとして、お客さまの「診断」をする場面になります。

> **「ヒアリングさせていただいて、私が感じたことはおそらく○○さんの痛みの原因は△△だと考えられます。」**

このようにしっかりと見立てを伝えてください。

しかし、ただ単純に見立てを伝えてもなかなか信頼していただけないでしょう。その見立てを証明する材料をお伝えします。たとえば、次のように、あなた自身の経験やあなたのお客さまを事例にあげるといいです。

> 「じつは○○さんのようなお客さまを何人も施術させていただいたことがあるのですが、その多くの方が△△が原因でした。ですので○○さんもおそらくそのようなことが原因じゃないかと思われます」

さらに、「継続をしないと得たい未来は得られない」ということもしっかりお伝えします。

あなたのサービスの内容によりますが、多くのサービスは1回ですべてを解決できることはほとんどありません。継続しないと解決できないことをはっきり伝えないと、1回のサービスで満足してしまい、1回きりのお客さまになってしまいます。

リピーターさんを増やさない限りビジネスとして成り立たないということもありますが、ただそれ以上にお客さまのお悩みを解決するためには、しっかりと「継続」することが欠かせないと伝えることがお客さまのためになります。

> 「今日の施術でよくなるようなイメージはおそらく体感いただけると思います」
> 「ですがヒトは元の体に戻ろうとしてしまいます。よって継続して通っていただかないと○○さんが得たい結果はなかなか得ることができません。さきほどご紹介したお客さまも現在は1ヶ月に1回のペースで通っていただいています」

これらをしっかり伝えたうえで、ようやくあなたのサービスを伝えます。

> 「○○さんの問題解決のために今日は○○や○○といった施術を施していきます。また使うオイルは○○といった効果があるものになります。ぜひご期待くださいね」

まちがったセールスの多くは、

「私はこれができます」
「この施術はすごいんです」
「この化粧品は○○成分が入っているんです！」

　といったように自分のサービスの内容ばかり伝えています。このようなやり方ではお客さまは聞く耳を持ちません。

　お客さまの悩みを聞き、得たい未来を聞き切ったあとに、しっかりとプロとして「見立て」をしてから、そのあとにあなたのサービスの内容を伝えるという流れがとても重要なのです。

仮クロージング：サービス提供に全力を注ぐために事前確認する

　ヒアリング後あなたのサービスを受ける前の最後のアクション「仮クロージング」に移ります。仮クロージングとは、まだサービスを受けてないお客さまに「継続コースや継続プランを提案してもいいか？」を聞き、お客さまから承諾いただくことです。

> 「もし仮に今日の体験を受けてなにか変われそうだなとお感じになりましたら、体験のあとにお客さまが通いやすいコースのご相談をしても大丈夫ですか？」
> 「もちろんあまり変わりそうにないなとお感じになりましたら遠慮なくおっしゃってくださいね」

　この確認をとることは2つメリットがあります。

　お客さまは「サービスを受ける前後でどんな違いがあるのか？」を意識的に感じとろうとしていただけるのです。「違いを感じよう」と思ってサービスを受けるのと「なんとなくいまより良くなればいいか」と思ってサービスを受けるのでは、たとえ結果が同じであっても、結果の感じ方がかな

り変わります。

　もう1つのメリットは、サービス提供に集中できる、ということです。ここで「イエス」と答えていただければ、あとはあなたのサービス次第。あなたが全力でサービスを提供できれば、ほぼ90%以上継続コースや次回予約はとれるはずです。

　しかし、確認せずに「継続してくれるのか、わからない」不安な状態では、アフターカウンセリングが気になってなかなかサービスに集中して取り組むこともできないでしょう。満足のいくサービスを提供するためにも、しっかり仮クロージングをしましょう。

■ お客さまとすりあわせ： サービス提供中に「変化」を示して期待感を持たせる

　お客さまの中には体調や心の変化があるのにも関わらず、それを体感しにくい方もいらっしゃいます。施術やセッションのあとに「え、そんなに変わらなかったけど」とお客さまから言われないためには、「サービス提供している間」に変化を感じていただくようにしましょう。

　たとえば、フェイシャルの場合、左だけまず施術をして鏡を見てもらいます。

> 「このような変化がありますよ」

　とお客さまに施術中に伝えると、「あ、ほんとだ！」と違いをわかってくれます。右も左のようになれる、と具体的な未来がイメージできるので、より期待をもって施術を受けていただけるのです。

■ クロージング：しっかり成約を結ぶためのトークのコツ

　サービス提供後、いよいよアフターカウンセリングをします。ここまでがしっかりできていれば「いかがでしたか？」と声をかけるだけで、

「すごくよかったです！　いつ来ればいいでしょうか？」

とお客さまから言ってくれるでしょう。

　ここまでの手順を踏んでいないとアフターカウンセリングで、もう一度お客さまにヒアリングしなおす羽目になります。時間がかかってしまえば「早く帰りたいのに、売りこみされている」とお客さまに感じさせてしまい、ますます成約率が下がります。

　とはいえ、お客さまから「次回予約したい」「あなたのコースを買いたい」とすぐに言ってくれないケースもあります。その場合、トークのポイントは以下の３点です。

①お客さまからコトバを発してもらう

　施術終了後に、「おつかれさまでした」とお声がけをしたのち、あらためてヒアリングで聞ききったお客さまのゴールをふまえて「施術はどうだったのか？」「ご希望に近いイメージを感じたかどうか？」を確認してください。さらに、

> 「なりたい未来が10だとしたら、いまの状態を数字で表すとどれくらいですか？」

などのように数値化してもらうと、よりお客さまの中ではっきりゴールに近づくイメージを持てます。

　このように、お客さま自身が「変わった」「やれそうな気がする」といったコトバをみずから発することで、サービスを受けようという決断が高まってきます。

　また、みずから「やりたい！」という気持ちが自発的にわくので、「売りこみをされた」という気持ちにはほとんどなりません。

②ためらわずクロージングする

　お客さまから「良くなるイメージがあります！」というコトバを聞けたら、つかさずクロージングをしてください。「ではこれからですが……」とあなたのサービスの説明と価格のご提案をしましょう。お客さまの気持ちがぶれないよう、スムーズにクロージングに移ることがポイントです。

③お客さまに決断してもらいキャンセルを防止する

　最後にお客さまの背中を押すために、以下の３つを盛りこむといいでしょう。

・サービスを2、3択と選べるようにして、決断しやすくする
・次回の予約の日程もこの場所で決めて、キャンセル防止につなぐ
・サポーターマインドで「私にぜひお任せください！」「一緒にがんばりましょう！」というひと言をかならず添える

目的	トーク
施術終了	おつかれさまでした
改めてゴールの確認	施術はいかがでしたか？ 特にどのあたりが変化を感じましたか？
	あらためて、○○さんのご希望の状況に近づいてきたイメージはありますか？
掘り下げ	たとえば、○○さんのなりたい未来が10だとして、いまの状態を数字で表すとしたらどれくらいに感じますか？
	つづけていくと、良くなるイメージはありますか？
クロージング	これからですが、1回ごとの施術と、あと最低5,000円以上のお得なプリペイドカードがありますが、どちらがいいですか？
	効果が持つ3週間後だと、○日ですね。 この週だと前半・後半どちらのほうがご都合いいですか？ そうすると、月・火・水どれがご都合いいですか？ 朝か、お昼過ぎか夕方だとご都合どうですか？
最後の鉄板トーク	私におまかせください！ 私と一緒にがんばりましょう！ 全力でお客さまの未来のためにがんばります！

ロールプレイングで口慣らしする

　セールストークの6つの型は理解できましたか？

　ただこれは「練習」あるのみです。頭でわかっていることと、実際の現場で「できる」ことは180度違います。ヒトは使い慣れてないコトバを使おうとすると、口が回りません。頭では「これを言いたい！」と思っているのにも関わらず、コトバに出ないものです。

　そこで、私のクライアントさんは、この型を自分のビジネスに当てはめて台本を作り、毎日練習をしています。「口慣らし」といって口を動かすことで、不慣れだったコトバ遣いが自然とできるようになるのです。

　まず、6つの型の流れと意図を理解し、実際にコトバに出して練習してみてください。このとき、1人での練習も大切ですが、お客さま役をだれかに頼んで2人で練習することもおすすめです。2人でロールプレイングをするポイントは以下の3点です。

　●お客さま役へ設定を伝える

　ロールプレイングをはじめる前に、まずお客さま役の方に「このようなお悩みを持っている方で、年代は○歳のお客さまでお願いします」と設定をしてからはじめるとやりやすいです。設定をすることで、お客さま役の方がそれになりきってロールプレイングをしてくれるのでスムーズにできます。

　●自身の改善点を共有する

　ロールプレイングが終わったあとは、「あなた自身がやってみてどうだったか？」のシェアをしてください。

　「これを言い忘れてしまった」
　「これを言うときにすこし躊躇してしまった」

　など、次回は注意して取り組みたいことをお客さま役へ伝えます。自分がロールプレイングをして感じたことを言語化して頭の整理をしたうえで、次回の改善につなげましょう。

●お客さま役は「事実」だけを述べる

　もしあなたがお客さま役になった場合、ダメ出しはしないでください。まずは「笑顔がステキで安心しました」など良かったところを伝えるようにしましょう。そして、良いところを伝えたうえで「○○なとき、自信なさげなところが気になりました」など、自分がお客さま役として受けて感じた「事実」を伝えてください。

　アドバイスは基本的にしません。お客さま役の方がセールスのプロではない場合、まちがったアドバイスになっているケースが多いからです。その事実を受け止めて「次回さらにどうすべきか？」はお店役の方ご自身で考えるのです。

　以上のポイントをおさえたロールプレイングをくり返すことで、どんどんうまくなっていきます。優秀な営業マンほど、毎日ロールプレイングをします。自然にセールストークできるようになるよう、日々10分でも練習しましょう。

おわりに

「起業に"アイデア"は一切いらない！」

　ビジネスをはじめる際、一番衝撃を受けた言葉です。それまで、

「オリジナルの商品を1から作らなければ！」
「だれにもマネできないアイデアで起業をしなくては！」

　とひたすら焦っていました。ですが、普通の会社員、主婦である私が天から降ってくるようなアイデアを出すことはできません。仮にアイデアが出たとしても、すでに市場にあるものばかり。

「夢がないなあ……」と思ったかもしれませんが、あなたはなんのためにビジネスをするのでしょうか？

　ひとりよがりの商品を作って自己満足したいわけではないはず。お客さまが「あ、それほしかったの！」「受けてみたかったの！」と思っていただけるサービスを提供したいはずです。
　大企業と違って、私たち個人ビジネスはまだ世の中にない商品のアイデアを出すのではなく、

　もっとお客さまが使いやすく、より具体的でわかりやすく、ほしい結果につながりやすくし「喜ばれる」商品に変えていく

　という視点が大事なのです。
　それに気づけたおかげで、個人ビジネスを軌道にのせて15年間続けることができています。お客さまからは「鈴木さんだからお願いしている」と言われるようにもなりました。

そして、私のようなスキルも人脈もない普通の会社員の方や主婦の方で
もお客さまから感謝されるビジネスができることをお伝えしたいと考え、
この本の執筆を決意したのです。この出版に至るまで、関わっていただい
た方々には、心より感謝申しあげます。

　本書を通じて、あなたとあなたのお客さまが、より幸せでステキな未来
を切り開いていけますようにと、切に願っています。
　最後までお読みいただき本当にありがとうございました。

2020 年 7 月 2 日鈴木夏香

〈著者プロフィール〉

鈴木夏香（すずき・なつか）

リンクアンドサポート株式会社代表取締役。法政大学社会学部卒業。
デパートや大手ゲーム会社に勤務し接客とITスキルを習得後、副業のネットビジネスでSEO・ブログライティングを磨き、月商300万、総額4,000万円以上の売上を叩き出す。さらに出産を機に、子育てしながらできる仕事として自宅サロンを開業。最高月商100万・リピート率90％以上。また物販でも成果を出し、売上の2割以上を占めるようになる。
現在はサロン経営コンサルティングとして、セラピストほかコーチやカウンセラー、トレーナー向けに、ビジネスコンセプトの発掘からブログコンサルまで展開。独自の経営ノウハウを発信するメルマガは7,000名以上の読者がいる。
ほかにも、サロン経営塾は合計200名以上輩出し、Facebook友達数5,000名、ブログ読者数2,500名、LINE公式アカウント友だち数累計3,000名の実績を持つ。

［Web］https://suzukinatsuka.com/

●スペシャルプレゼント
本書では書ききれなかった「スキマ時間活用術」を、著者運営のLINEアカウントを友だち追加いただくことでプレゼントいたします。
LINEアプリをダウンロードのうえ、以下のQRコードを読み取り、友だち追加してください。

https://lin.ee/Wxq9g11

上記のスペシャルプレゼントは事前予告なく終了する可能性があります。あらかじめご了承ください。

■お問い合わせについて

本書に関するご質問は、FAX か書面でお願いいたします。電話での直接のお問い合わせにはお答えできません。あらかじめご了承ください。
下記の Web サイトでも質問用フォームを用意しておりますので、ご利用ください。
ご質問の際には以下を明記してください。

・書籍名
・該当ページ
・返信先（メールアドレス）

ご質問の際に記載いただいた個人情報は質問の返答以外の目的には使用いたしません。
お送りいただいたご質問には、できる限り迅速にお答えするよう努力しておりますが、お時間をいただくこともございます。
なお、ご質問は本書に記載されている内容に関するもののみとさせていただきます。

■問い合わせ先

〒 162-0846
東京都新宿区市谷左内町 21-13
株式会社技術評論社書籍編集部
「お客さまをグッと引き寄せるスマホ集客術」係
FAX：03-3513-6183
Web：https://gihyo.jp/book/2020/978-4-297-11508-1

【装丁】
井上新八

【本文デザイン・DTP】
株式会社デジカル（ISSHIKI）

【企画協力】
天海純

【編集】
佐久未佳

お客さまをグッと引き寄せるスマホ集客術
～ひとり起業・副業がうまくいく！

2020 年 8 月 14 日　初版第 1 刷発行

著者	鈴木夏香
発行人	片岡巌
発行所	株式会社技術評論社
	東京都新宿区市谷左内町 21-13
	電話　販売促進部　03-3513-6150
	書籍編集部　03-3513-6166
印刷・製本	日経印刷株式会社

▶定価はカバーに表示してあります
▶本書の一部または全部を著作権法の定める範囲を超え、無断で複写、複製、転載、テープ化、ファイルに落とすことを禁じます

ISBN978-4-297-11508-1 C3055
Printed in Japan